U0175766

给孩子的减糖饮食

[日]三岛学 著
[日]江部康二 监修
璆琳 译

科学技术文献出版社
SCIENTIFIC AND TECHNICAL DOCUMENTATION PRESS
·北京·

图书在版编目（CIP）数据

给孩子的减糖饮食 /（日）三岛学著；（日）江部康二监修；璆琳译. — 北京：科学技术文献出版社，2023.3

ISBN 978-7-5189-9896-8

Ⅰ. ①给… Ⅱ. ①三… ②江… ③璆… Ⅲ. ①儿童—保健—食谱 Ⅳ. ① TS972.162

中国版本图书馆 CIP 数据核字（2022）第 241525 号

给孩子的减糖饮食

责任编辑：王黛君　宋嘉婧　责任校对：张吲哚　责任出版：张志平

出 版 者　科学技术文献出版社

地　　址　北京市复兴路15号　邮编　100038

编 务 部　（010）58882938，58882087（传真）

发 行 部　（010）58882868，58882870（传真）

邮 购 部　（010）58882873

销 售 部　（010）82069336

官方网址　www.stdp.com.cn

发 行 者　科学技术文献出版社发行　全国各地新华书店经销

印 刷 者　天津丰富彩艺印刷有限公司

版　　次　2023 年 3 月第 1 版　2023 年 3 月第 1 次印刷

开　　本　880 × 1230　1/32

字　　数　100 千

印　　张　5

书　　号　ISBN 978-7-5189-9896-8

定　　价　48.00元

序

无论是幼儿、青少年还是成年人，

减糖饮食都是健康的饮食方式

“三岛塾塾长”三岛学先生在前作《减糖拯救孩子》的序言里，讲述了为了前作出版而付出的努力和辛劳。事实证明，这份努力和辛劳有极大的意义，时代的潮流已成为推动减糖生活发展的“东风”。

据日本广播协会播放的节目《Close-up现代》[1]（2016年7月20日播出）估计，日本的减糖市场规模约为3184亿日元[2]。虽不知是通过何种方式估算得到了如此庞大的一个数字，但减糖饮食确实拥有巨大的市场。一想到三岛学先生和我都在为减糖饮食的发展贡献着绵薄之力，我便感到非常喜悦。

① *クローズアップ现代*，于每周一至周四播出，每期就一个主题播出记者的调查报告，并对专家、学者进行访问。——译注

② 1万日元约合566元人民币。此处约合187.6亿元人民币。——译注

此外，2017 年 2 月 7 日，日本糖尿病学会理事长门胁孝、生命科学振兴会理事长渡边昌和我在东京大学医学部附属医院（以下简称“东大医院”）进行了会谈。门胁孝理事长表示，自 2015 年 4 月以来，东大医院所提供的餐食中有 40 % 是减糖饮食。

减糖饮食随着时代潮流不断发展，在与其相关的诸多话题中，“儿童减糖”也赫然成为一个热点话题。本书的前作是世界上第一本“儿童减糖”相关著作。而本书延续前作，依旧由三岛学先生执笔，书名为《给孩子的减糖饮食》。非常荣幸的是，在前作《减糖拯救孩子》出版后，主妇之友社对我们给予关注，并与我们约定后续作品的出版，之后的出版流程也极为顺利。本书凝结了三岛学先生的心血与汗水，是一本价值极高的食谱集，想必一定会成为读者朋友们的有力参考。实际上，关于“儿童减糖”目前还没有“好”或者“不好”的科学证明。因此，本书中所提到的内容均基于我自己的过往经验，以及客观知识，可以说是理论假说。

我常说，减糖饮食是人类本就应该遵循的饮食习惯，是人类健康的根本。也就是说，减糖饮食对孩子的健康必然会起到积极影响。纵观人类 700 万年的历史长河，食用谷物的时间仅可以追溯到约 1 万年前，所以在人类发展历史长河的绝大部分时间里，人体摄入的即为“减糖饮食”，与此同时，人体也在发生着一些突变，在这过程中人体的消化、吸收、代谢系统逐渐完善。也就是说，我们的身体早已经过进化，可以适应减糖饮食。总的来说，早在农耕文明开始前，人类就一边遵循减糖饮食一边生活——怀孕、生产、养育孩子等都不是问题。

如此考察了人类的进化过程后可以发现，在农耕文明以来的饮食习惯下，人体总摄入能量的 60% 都来自以谷物为主的碳水化合物，而这种饮食习惯也出乎意料地达到了一种平衡。

我们再说回孩子这个话题。大约 20 万年前，人类的祖先智人诞生，他们的孩子除了母乳和谷物，还会吃些杂食以维持生命并长大，因此，可以说经过早期智人进化，人类拥有了可以适应减糖饮食的身体。所以，从理论上来说，对于现代的孩子，比起以谷物为主的饮食，减糖饮食是更加自然、健康的饮食习惯。而本书的内容正与这一点相合。

在孩子的成长过程中，蛋白质、脂质、维生素、矿物质、膳食纤维是必需的营养成分，但糖类并不在其中。人体由 55% ~ 65% 的水、14% ~ 18% 的蛋白质、15% ~ 30% 的脂肪、5% ~ 6% 的矿物质和 1% 以下的糖类组成。当然，个体之间会有差异，但糖类作为人体的组成部分占比非常低，从理论上来说并非必需的营养物质。

大家一定要阅读本书的内容，在"理论篇"中涉及了很多来自三岛塾的真实实践案例。如通过减糖饮食，孩子们上课不再打瞌睡、小动作变少、注意力更集中，学习能力由此不断变强，发生了巨大的改变。

话说回来，多亏读者朋友们的支持，前作销量颇佳，得以很快实现增印，这对自费出版的图书来说是十分罕有的成绩。2017 年 1 月 29 日，我们在京都举办了前作的出版纪念派对。

在那次派对上，一直实践儿童减糖饮食的冈田小儿科医院（滋贺县高岛市）的冈田清春先生，围绕“婴儿辅食不一定从粥开始”这一主题进行了演讲。其中提到，猪五花肉几乎不会引起过敏，用平底锅煎熟后打成泥状并用汤等稀释搅匀，即可作为婴儿的断奶辅食。如果想要补铁还可以加入肝脏，这样一来，蛋白质、脂质、铁元素的补充就能一步到位，婴儿也会健康茁壮地发育成长。本书文后有冈田先生执笔的内容。

无论是儿童还是成人，都可以通过减糖饮食变得更加健康。减糖饮食是人类本就应该遵循的饮食习惯，是人体保持健康的根本。我相信，“儿童减糖”可能会成为一个重要的关键词。

日本糖质制限医疗推进协会理事长

江部康二

目录

轻松买菜　轻松做菜　轻松打扫
三岛塾减糖食谱是妈妈和孩子们的好伙伴！

跟着做就没问题！一连8天任意选择轮番烹饪！

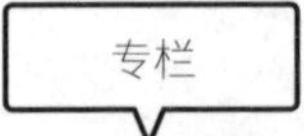

帮忙碌的妈妈们摆脱困扰！

本书的使用方法

- 大勺 15 mL，小勺 5 mL，杯子的容量是 200 mL。
- 除非特别标注，一般情况下火候都是中火。
- 洗菜、削皮未写入制作方法。
- 微波炉加热时间指的都是在 600 W 功率的情况下。若选择 500 W 功率的微波炉，请参照食谱上的时间延长 1/5。具体情况请按机器说明操作。
- 含糖量，原则上是按 1 人份计算。

三岛塾的学习指导和饮食效果：

从小学生到高考生，大家一起学习成长

“三岛塾”是面向想要考取“难关大学”[①]和医学部的学生、不想上学的学生、有学习障碍（LD）或注意缺陷多动障碍（ADHD）的学生，以及高考生的一个补习班，学生们可以在这里一起学习。

目前，北九州校区有30个学生，东京校区有10个学生。补习班虽小，但环境整洁、氛围和睦融洽，大家就像家人一样一起学习生活。有时还可以看到小学生缠着即将高考的高三学生对战黑白棋的亲密景象。

在补习班担任老师的只有我、我的妻子和次子三人。东京校区的课程周二到周五由我来教授，周六到周一由次子负责，北九州校区的安排则与其相反。我的妻子专门负责北九州校区小学生

① 日本考试竞争激烈的私立名校。——译注

的指导工作。

三岛塾遵循阿德勒[①]“不夸赞、不训斥、不教授”的原则，我们不采用任何的集体或单独授课方式进行辅导，而是根据每个人的水平发放教材，并一一解答每个人的问题。

一般学校的教材和补习班的教材都是根据上课内容决定的，所以并不适于学生自学。课前预习和课后完成作业的时间会被大量浪费。因此，市面上售卖的教材最适合自学，学生们可以自行阅读总结、回答问题、看答案解析（如果还不会，最后再问老师），这样效率更高。

三岛塾的学生们每两天完成一本薄的习题集。英语复习方面，初一水平的内容每 2 ～ 3 天就能完成一本练习。对于汉字检定考试和英语检定考试，小学 6 年级的学生可以通过 2 级考试。此外，还有学生通过 11 天共 160 小时的学习把托业（TOEIC）成绩从 220 分提升到了 470 分。

东京校区开设于 2016 年 12 月底，该年度东京都立高中的所有考生都被第一志愿录取。仅在 2 个月的时间内，就有学生从不合格跃升至合格，也有学生报了一所私立大学作为保底学校，最终作为免费生[②]录取。“三岛塾的方式”正是把“减糖”和“学习”相结合，可以说让孩子的偏差值[③]提升 10 根本不是问题。

---

① 阿德勒：奥地利精神病学家。创立“个体心理学”，后人用他的名字命名为“阿德勒心理学”。他曾说：“人不是不能改变，而是下定了不改变的决心。对于那些感受不到幸福的人来说，他们缺乏的不是能力，也不是金钱，更不是环境，而是去改变（变幸福）的勇气。”这就是“勇气心理学”。

② 因入学考试成绩或在校成绩优秀，而减免部分或全部学费的学生。——译注

③ 偏差值是日本对于学生智能、学历的一项计算公式值。偏差值越大，证明孩子学习越好。——译注

少子化的社会现象也引发了出版社之间的激烈竞争，但也多亏如此，现在在网上和店里都可以买到孩子喜欢且易于理解的教材。虽然每个月要花费 1 万日元购买教材，但也不会再多了。想到学生每天上下补习班要花费的时间和交通费，以及可能会遇到的危险，还不如在厨房里坐在忙于家务的父母对面，偶尔聊个天，这样的学习效果更好。

不过，家长不可以在旁边教孩子学习，因为会开始给孩子挑错，最终可能会对孩子说出“这么简单都理解不了吗”这种伤人的话。孩子的自尊心都特别强，一旦听到这种话可能会对学习和父母都产生厌恶的叛逆情绪。

放学回家给孩子拿出冷冻室的冻黄油吃、写完作业后吃一点减糖巧克力、减少饭菜中的糖分，仅通过这些饮食方法就能让孩子注意力更加集中、快速提高学习成绩。

要点

1

孩子和父母的烦躁情绪源于摄入过量的糖分！

改善的重点是——减糖！

孩子情绪烦躁的原因在于日常饮食摄入糖类过多。

也就是说，在摄入糖类后，血糖升高，精力变旺盛（表现为斗志昂扬），之后 2 ~ 3 小时里，心情会突然低落，昏昏欲睡。

如果孩子每天打瞌睡 1 小时，1 年 365 天，就相当于每年有 2 个月的上课时间都在打瞌睡。

在与大学医学部研究室的共同研究中，我们给福冈县某高中的学生们安排了一个午睡时间，并非不考虑午后课堂上学生们打瞌睡的真正原因，而是希望找到一个对症疗法。结果，学生们都没有睡着。这是因为他们吃的都是“减糖便当”，血糖值没有受到糖类的影响而忽高忽低，所以学生们不仅没有昏昏欲睡，反而减糖后会发生这些改变！

注意力更加集中，成绩也出人意料地提高了。

“妈妈情绪烦躁”和“孩子情绪烦躁”的情况和原因完全相同。即便一直以来很注意饮食，如果当下的食材营养不够丰富，也会导致在不知不觉中患上“新型营养失调”。特别是女性，还要经历怀孕、生产、喂母乳等过程，身体更容易缺铁。就算多摄入肉类，如果不充分补充镁、锌、维生素 D 等矿物质和营养元素，大脑也会因为缺乏营养而无法正常运转。于是，妈妈们就会经常情绪烦躁，无法应对孩子的要求。

当营养摄入充足时，可以实践阿德勒博士提出的“课题分离”理论[①]，并可以理解“孩子的课题”和“家长的课题”之间有

①“课题分离”理论：阿德勒认为人的烦恼基于人际关系，而“课题分离”就是解决这些问题的关键词。“父母”和“孩子”是不同的个体，所以无论是父母还是孩子，都应做好自己，不过分介入“对方”，这样可以维系好最佳的亲子关系。

所不同。当孩子说“我喜欢小石块儿，将来要做地质学家”时，家长大概会反对说：“做那种工作以后可能会穷得吃不上饭。”在成长过程中，孩子们的理想不断变化，如果家长不停干预孩子的想法，就会让他们失去斗志，最终无法获得成长。

我每周有一半的时间都在东京校区上课，有一次，我回北九州时见到了许久未见的妻子，意外发现她整个人更加清秀、干练了。问了之后才知道，她竟通过减糖饮食瘦了 11 千克。说是“减肥”，其实是将体重恢复到了正常水平，变得更健康了。同时，她的情绪也变得更加温和，对待孩子也不再严厉训斥，这反而提高了孩子学习的自主性。多亏如此，我们家的氛围也变得其乐融融。

有这样一句名言：你吃的食物决定了你是谁。

阿德勒说过：“身心不能分离。”因此，减糖饮食在让你的身体变健康的同时，也会对你的内心产生积极影响。

要点 ②

儿童减糖的规则：

减糖的同时，补充必要的蛋白质和脂质

三岛塾的减糖实践规则

［早餐］吃不吃都可以。如果吃，就要吃减糖早餐。

※ 不可吃含有苹果或胡萝卜的思慕雪[①]。

［午餐］学校的配餐可以全部吃光。自己带便当的话，也要选择减糖餐食。

※ 学校的配餐除了致敏食物，要全都吃光，但不要再多加饭菜。自己带便当的话可以不要主食，或者只带一个饭团，若是低糖面类（包含意面），摄入量可视情况而定。

［晚餐］减糖餐食（不吃主食，以菜为主）。

---

① 思慕雪是一种健康饮食的概念，一般是指果蔬汁、果泥等，也有用新鲜蔬果制作而成的食物。——译注

简言之，“减糖饮食”
就是少吃主食，多吃菜

[零食] 鸡蛋、冷冻黄油、奶酪、混合坚果、小鱼干、鱿鱼干等简单食物。注意分量。

食材的挑选方法：

肉：挑选牛肉、猪肉、鸡肉、鱼肉等时，需要注意产地明确、肉质新鲜，并且要轮换着吃不同部位的肉。

※ 比较推荐二节翅、梅花肉。

鱼：推荐金枪鱼、鲣鱼等红色的鱼肉，以及青花鱼、沙丁鱼等青色的鱼肉。

蔬菜：推荐小松菜、水菜、茼蒿、油菜。用“50 ℃清洗法”清洗，再佐以橄榄油、盐、柑橘汁等食用。牛油果和西蓝花也是不错的选择。根茎类蔬菜，如南瓜、土豆、洋葱、白萝卜、胡萝卜、牛蒡等，可以作为配菜适量食用。

※ 叶菜含有维生素 C 和膳食纤维（酪酸菌的“养料”），因此要多吃。菠菜草酸含量过高，不推荐。

鸡蛋：营养丰富且价格低廉。要多吃鸡蛋，以早、中、晚各 2 个，一天吃 6 个为目标。

黄油：有盐或无盐的黄油均可。如果比较讲究，可以选择草料饲养的牛产的黄油（Grass-fed），但其价格略贵。

奶酪：尽量选择天然奶酪。再加工的奶酪中可能含有其他原料和添加剂。

调味料：味噌、酱油选择纯酿。酱汁和沙拉调味汁等选择低糖的，也可以把葛藤煮后制作成美味酱汁。此外，还可以用无糖酒代替味淋。

※ 虽然也可使用其他香料，但小学低年级的孩子只喜欢盐和少量胡椒粉调味。

如果家人反对孩子吃主食，可以先给孩子盛满满的肉，再给孩子盛很多菜，等把这些都吃完后再问孩子要不要吃米饭，这时，孩子很可能就会说已经吃饱了，不要米饭了。——大功告成！

要点

3

帮助孩子健全成长，强化身心、提高成绩

在这本书中我所提到的内容，都是基于过去 6 年间我经营三岛塾所积累的实践经验。

如果说大人实践减糖饮食是缘于个人需要，那么儿童减糖饮食就远没这么简单，还涉及孩子们的身心健全成长，因此必须慎之又慎。

为了全面了解减糖，我做足了功课，参考了超过 1000 本书。对于其中比较合适的内容，我会以 3 个月为单位进行实践，之后再把那些确实有效果的方法介绍给“学习会”里的医生、药剂师、营养学家等成员，请他们做进一步的评估。

最后，经过大家的评估，我会将没有副作用且效果得到认证的减糖方法推荐给补习班的孩子们。

Q：儿童减糖和成人减糖不同吗？

A：当然不同。

举个例子。日野原重明医生工作到了105岁，我们来看看他每天的饮食安排。他每天仅摄入1300千卡的热量，比一般人要少很多。早餐，他会喝一杯加一大勺橄榄油的鲜榨果汁；午餐有时不吃，有时喝一杯红茶加两块饼干；晚餐吃一大碗沙拉，以及丰富的肉类和鱼类，主食有时吃，有时不吃。可以发现，这一天的饮食安排仅是为了维持人体的基本热量需求。

不过，对儿童来说，则必须摄入足够的营养，以满足成长、学习、运动的需求。

Q：成长所必需的营养有哪些？

A：儿童各方面都处于生长期，需要摄入足够的营养来维

一天所需的肉、鱼、蛋等的摄入量是多少？

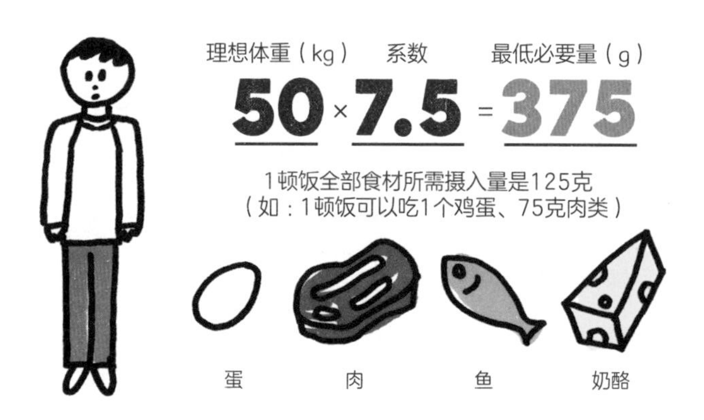

持。我认为儿童的理想体重（千克）乘以 7.5 所得到的数字（克为单位）就是每日所需摄入肉、鱼、蛋的最低标准值。

如中学男生的理想体重是 50 千克，那么一日三餐每餐的量应为 125 克。不过，如果是运动员，因为训练项目不同，最好还是摄入该基本量的 2 倍以上。

Q：不吃主食难道不会影响孩子长身体或者影响身体健康吗？

A：完全不必担心。不仅不会影响孩子长身体，自从开始减糖饮食，有些高三的学生还会继续长身体。这让家长们很苦恼，因为都已经快毕业了还要给孩子买新校服。

其实，这种改变有时让我也很苦恼。我们的学生践行减糖饮食，使得他们的身体抵抗力变强，在流感高发时期也不会被传染。所以，当我们给部分学生停课时，他们也依旧要来上学。结果我的工作量大大增加，上午的工作都没法按时做完。

小学生的问题行为

孩子们发生了巨大变化!

孩子在两三岁时会出现第一次叛逆期；初中时会出现第二次叛逆期，一般也会被称为“青春期”。不过，他们还有一次叛逆期鲜为人知，一般在小学二三年级时出现，被称为“中间叛逆期”。

很多孩子在小学 3 年级时容易出现不愿上学的情况，因此我认为，这一年龄段的孩子应该受到更多的关注。

一般认为，孩子在 10 岁左右大脑发育完成。也就是说，小学 3 年级的学生大脑已足够发达且产生了独立意识，开始变得有主见，他们在家里容易和家人发生争吵，在学校也容易和同学产生分歧。“讲和”这一概念是在长大成人的过程中慢慢意识到并掌握的。但小学低年级的学生还无法学习并掌握这一“能力”。他们的语言能力和表达能力较弱，无法将自己的意思正确地传达给对方。而且，他们之间在交往时也不会客客气气，所以无论是让对方悲伤还是痛苦，都不会“手下留情”。

家长们容易觉得孩子“还只是孩子”，对其心理和行为不上心，常以“我很忙”为说辞，用零食或者果汁打发孩子。结果，孩子只能继续隐忍。

当坏情绪越积越多，孩子就会“自闭”，开始出现各种行为问题，如暴力行为、不愿上学、总乱买东西等。我认为他们是想通过这些行为来引起家长的注意。

等到那时，学校会说“带孩子去看看专家吧”。但是，去看心理科，医生也只是开一些药物进行治疗。就算是给孩子进行心理指导，效果也微乎其微，毕竟心理学的研究历史也比较短。不仅如此，如果是名家指导还会收取高昂的费用。

因此，当孩子出现注意力不集中、经常找麻烦等情况时，家长就该提高警惕了。这时，可以给孩子尝试减糖饮食。学校提供的餐食中有 60 % 都是碳水化合物，如果申请不吃可能会和学校产生不必要的麻烦。因此，我们可以让孩子中午和同学们一起吃学

校的饭，早餐、晚餐吃家里自制的减糖餐食，以达到控糖的目的。哪怕孩子已经出现了很严重的行为问题，只要及时给孩子安排减糖饮食，3 个月左右就会看到巨大的改变。需要注意的是，这里所说的减糖饮食一定要规范。可参考江部康二先生的“减糖饮食”[①]。

要点

小学3年级的孩子已经独立了，但家长不可大意，应帮助孩子顺利度过这段“颠簸期”。

① 江部康二的“减糖饮食”：江部式超级“减糖饮食”采用一日三餐减糖饮食、不吃主食的形式，极为严格。共分两个阶段，标准减糖饮食是三餐中有两餐限糖，一餐（除晚餐外的一餐）吃主食。入门级减糖饮食则是三餐中只有一餐（一般是晚餐）限糖并不吃主食。可以辅助疾病的治疗和预防，或是用于减肥。可以根据需求来选择。

初中生和中考

孩子上了初中，根据不同科目，老师们会定期安排期中、期末考试。日本广播协会开展的问卷调查显示，有一个班的学生表示他们在小学期间十分喜欢英语，结果到初一下半学期就开始讨厌英语了。接着，他们便迎来了人生最大的“颠簸期”——青春期。

进入这一时期，原本可爱的孩子突然间毫无理由地脾气大变。但家长因为不清楚具体原因而无法找到解决办法，一直以来都备受这一情况的困扰。

不过，当我给补习班的学生们提供减糖饮食之后，孩子们的叛逆都出现了一定程度的缓和。之所以想到使用减糖饮食来给孩子们调节，是因为之前我通过减糖来改善自己的 2 型糖尿病，并发现我自从开始减糖饮食后便不再昏昏欲睡，而且可以保持长时

间的精力集中。

中考的意义不仅在于考上某所高中，更重要的是把目光放长远，正确选择合适的学校。比如，有的学校在就业和公务员考试方面更强，有的学校在高考指导方面更强。

而且，中考重要的不只是那一次考试成绩，整个初中时期的成绩单也尤为重要。这一成绩单上并非只有成绩，还会记录出勤情况、参加社团和学生组织活动情况等。

当然，当孩子升到初三时青春期已基本结束。但如果他们在初一、初二时放任自我、频繁旷课、问题行为过多，就会在成绩单上增添很多负面内容。如果一个孩子好不容易度过了叛逆期，初三迎头赶上，结果因为成绩单上的绩点不足而错失第一志愿，岂不是很遗憾？

之前有研究表示，孩子之所以会出现第二次叛逆期，是由于他们在不断成长为成年人的过程中，机体的激素平衡被打破。因此，这是一个不可抗拒的阶段。虽说如此，但根据观察也有孩子并未经历叛逆期，或是没有那么明显。经过进一步的观察发现，这和饮食有很大的关系。

如果孩子加入了运动量大的体育部，那么平时两层的饭盒里有一层装满米饭是没问题的。一般情况下，便当里米饭远多于蔬菜的孩子，以及总是吃便利店便当的孩子确实更容易产生情绪波动。所谓人如其食，饮食对内心和身体的影响超乎人的想象，性格并非天生带来的。

三岛塾虽然提供饮食，但也只占孩子日常饮食的 1/3 而已，因此希望学校和家庭都可以给孩子提供营养充足的饮食，以保证孩子的成长、学习和运动。

要点

人生最大的困难之一，就是跨越减糖这道门槛。

孩子终要离开父母，父母终要放手孩子，秘诀就是“放手但不忽视”。

高中生和未来

刚升入高中，男生、女生的言行举止都逐渐显露出大人模样。这时，家长们可能想：孩子长大了，可以放心了吧……

在三岛塾补习的高中生，休息日从早上 8 点到晚上 10 点，一天 14 小时一直在认真学习，只有吃饭或去卫生间的时候才会离开座位。

其中有一个学生，他的父母是开业医生。初中时，他曾拒绝像父母那样成为医生，但升入高中后的某一天，他却来找我说想成为一名医生。考虑到他的父母都是医生，因此我没有太过担心，接下来他只需通过高考就可以了。最后，他顺利地通过了当地一所私立大学医学部的考试。

这名学生曾以进入甲子园球场为目标，希望考入棒球名校。

最终虽然未能实现在甲子园球场比赛这个梦想，却实现了考入医学部这个梦想。

之前他终日与棒球打交道，在定期考试来临前，下课后他先参加棒球部的课后学习，结束后再来三岛塾学习，天亮之后直接去上学，是个非常努力的学生。

当然，在这中间“减糖”也发挥了效果。他的父母都是医生，他还有两个兄弟，平日饮食都贯穿着“减糖”这一理念。后来，我回想起江部康二先生在北九州演讲时，这名学生的父亲就坐在台下，听到江部先生描述减糖的效果时，他不住地点头表示赞同。

当然，有成功案例的同时，也有失败的案例。三岛塾的学习环境是众多来此学习的学生所看重的一点，这里有宽大的桌子、舒适的椅子和勤恳学习的学生。但当我给家长们推荐减糖饮食时，有人并不接受。有位家长表示，在考试前这么重要的阶

段里，如果孩子身体因此受到影响该如何是好？对此我也无力反驳。

虽然如此，这位家长的孩子每天还是会吃我们提供的加餐。加餐自然也是减糖饮食，所以多少都能起到一定作用。这位学生的成绩日渐提高，但等到临近考试时，却开始频繁打瞌睡。平日里他就没能完全遵循减糖饮食，早、中两顿都吃母亲做的饭，因此可以说是摄入了充足的糖分。

在考试中，他被判定为国立大学医学部的 B 等，成绩很不错，但最后却没被录取。明明在每科考试中都未出现大的失误，为什么最终落榜了呢？经过打听，才知道他是因为面试中未能回答出面试官的问题。我很擅长面试指导，一直以来都在认真地给补习班的学生们进行指导训练。如果这位学生遵循了减糖饮食，在面试的时候心态就会更加平和，也就能游刃有余地和面试官交流了。想到这里，我不禁感到很可惜。

要点

不是“指示”，而是“引导”。

父母不是孩子人生的设计者，而是支持孩子独立规划人生的引导者。

孩子的减肥

有个小学 1 年级的女生知道减糖可以起到减肥的效果，因此建议家长不用说别的，只要对她讲类似“减糖能让皮肤变好哦”这样的话就可以。英语的“减肥”（diet）原本的含义就是“日常饮食”。虽然我不认同以减肥为目的调节日常饮食，但像是让肥胖者瘦下来、让过瘦者变匀称这种“体重矫正”确实是减糖的目的。因此，为了让孩子接受减糖饮食，可以以此为突破口。

不过，据说香川县小学 4 年级的全体学生接受了血液检查，从结果得知，有 10% 的学生是糖尿病的潜在患者，或是患有血脂异常症。其实，这一结果并不在意料之外，毕竟香川县作为“乌冬县”，在 2011 年的调查中，糖尿病患者占比位居全日本第一。不过，现在的孩子不论地域，日常饮食中多少都会出现糖分摄入过量的情况，如果做血液检查很有可能会出现相同的情况。

法国议会曾通过一项法令，内容是禁止模特的 BMI（身体质量指数，体重 ÷ 身高 ^{2}）低于 18 岁 BMI 标准。也就是说和肥胖一样，过瘦也是一种健康问题。但对年轻女性来说，减肥这一愿望早已根深蒂固，很多年轻女性都因此患上了厌食症。

“减糖”原本是用来改善糖尿病的饮食疗法，后来因为对减肥也同样有效而火了起来。结果，有人因此反对并质疑“减糖”是一种以瘦身为目的的减肥方法。但这确实是一个误会。

为了抵抗饥饿，机体会把多余的糖分转换为皮下脂肪储存在体内，最终导致肥胖。而人体是由 55％ ~ 65％ 的水、14％ ~ 18％ 的蛋白质、15％ ~ 30％ 的脂肪、5％ ~ 6％ 的矿物质以及低于 1％ 的糖分组成的。这样看来，就算减少糖分的摄入，只要多补充脂质和蛋白质就不会有问题。

2016 年，北海道发生了一起“小学生遗弃事件”，而在被遗弃的那一周里，这名小学生仅靠喝水存活。据说，只要有水，人类可以生存 40 天。在这 40 天里，相当于没有任何进食，因此也没有摄入糖分。不过，肝脏会把体内的蛋白质和脂质转化成必要糖原，这一过程称为“糖质新生”。

如果说没有糖分人就无法活下去，那么在饭后 3 小时我们就会死去。糖分作为能量只能维持饭后 3 小时的程度，这也是为什么马拉松选手在跑了 2 小时、超过 30 千米后就会突然间失速。

我们之所以每天早上能醒来，就是因为体内的蛋白质和脂质被转化成了酮体[①]并被机体使用。对于没有线粒体的红细胞来说，糖分确实是必要物质；但对于大脑和心脏来说，葡萄糖代谢供能和酮体代谢供能都可以为其提供“燃料”。

要点

英语中的“diet”指的并非减肥，而是日常饮食的调节。
这种“体重矫正”不仅表现在外表，还会作用于脑内环境。

① 人体处于空腹或睡眠状态下会燃烧脂肪酸，此时肝脏会制造出酮体。酮体是心肌、骨骼肌等人体众多组织的能量来源。在摄入糖分的 2 小时内，心肌和骨骼肌的主要能量来源是食物中的葡萄糖，但空腹的时候会切换模式，把“脂肪酸燃烧后形成的酮体”作为能量源。夜晚睡眠期和空腹时只有红细胞等特殊细胞会把葡萄糖作为能量源，以红细胞为例，之所以特殊，是因为成熟的红细胞不含有线粒体，因此只能使用葡萄糖。此外，糖分不仅来源于饮食，肝脏的“糖质新生”系统也可以制造糖分。因为大脑的能量源既可以是葡萄糖又可以是酮体，所以说只有葡萄糖能补充大脑营养是错误的。对人类来说，酮体是一种非常常见的能量来源。——江部康二

不愿上学和自闭在家

有的孩子擅长社交，有的孩子则喜欢独自思考。一直以来，人们都认为这是天性使然。

在我上学的年代，还没有学生不愿上学或自闭在家。因此，关于自我封闭的现象，与其说是个人问题，倒不如说是由社会环境所致。

也就是说——

· 少子化使得家庭中兄弟内讧缺少“对手”；

· 在大家庭中祖父祖母可以起到关系缓冲作用，而随着小家庭[①]的普及，这种缓冲越来越难以实现；

· 在父母二人都工作的家庭中，一家人团聚的时间非常少；

① 日语为“核家族”，指的是和“大家族”相对，不和祖父母一起居住，而是夫妇和儿女一起居住的形式。——译注

· 因为孩子上补习班，而缺少了与同龄人以外的人交流的社会经验。

我认为基于以上原因，一直以来孩子都未曾在家里或生活中经历复杂的“磨炼”，突然进入学校这个小社会，适应不了某些不和善的行为。结果，在这种毫无防备的情况下，他们因无力应对而“伤痕累累”。

在我上学的年代，不想上学是个很严重的问题。反观现在，就算孩子不去上学，既不会受到父亲雷鸣般的呵斥，也不会受到爷爷顽固的说教。冰箱里永远塞满了好吃的。因为孩子不去学校没有配餐，家长为了给孩子准备午饭就提前买了一大堆面包和方便面。

在过去，玩游戏是孩子消磨时间的最好选择。而现在，他们看视频一看就能看一天，既不寂寞，也不无聊。当日子一天天地这样过去，孩子的生活节奏彻底被打乱，脱离了平常生活的轨道。他们偶尔去一次学校，结果发现跟不上课程进度，于是就彻底讨厌上学了。

最终，因为平日里不和其他人交流，所以不懂得与人交往的方式，孩子由此感到疲惫，最终不再见人。我认为，就是这种恶性循环导致孩子自闭在家的。

虽然有一部分人是因为遗传性精神疾病，无法融入集体生活，但大多数自闭在家的情况应该是可以得到改善的。

曾经有一个不愿上学的孩子在接受心理辅导后依旧未能有所改善，之后他开始尝试减糖饮食，并结合营养辅食来补充缺乏的维生素、矿物质等营养物质。结果过了 3 个月左右，他就重返校园了。而且，这个孩子曾经还对家人有暴力行为，现在也已经改善了。情况较轻的孩子 1 个月左右就可以重返校园。从这个案例可以看出，原本从心理角度没能解决的问题，从大脑营养不足的角度重新评估后，结合“饮食 + 营养”的方法采取减糖和辅助营养食品的饮食方案，最终成功得到了改善。

要点

孩子爱睡懒觉？那是缺铁！
多吃肉、蛋和叶菜，调节身心健康，早睡早起，开心上学。

来自海外的短期补习班学生

每到春假、暑假和寒假我都开始心怀期待，因为马上就可以见到那些取得了进步的海外归国组的孩子回到补习班。因为父母在海外工作，他们也都在那里生活，但以后还想回日本发展，所以就来日本的补习班报名学习。

不过，要想直接插班进入补习班并按课程计划学习比较难，所以他们就需要报名像三岛塾这种能够根据每名学生不同情况设置课程计划的补习班。

Cleopatra（化名）是从埃及回日本的一名学生，他将在当地的日本人学校念初一。所以，他来补习班复习了小学六年教授的算术、国语、理科、社会这四门课。原本预定在 10 天内完成复习，没想到很快就结束了，因此，他又追加了英语技能鉴定准 2 级的应试指导课。从早上 9 点到下午 5 点一共 8 小时，他几乎

不休息，一直都在认真学习。这种专注力正是减糖带来的效果。

此外，还有一对从中国回日本的姐弟，姐姐参加的是海外归国子女组的大学入学考试指导，弟弟参加的是初一前的全科学习指导。两人都在上当地的国际学校，因此英语能力出众。姐姐以满分的成绩通过了英语技能鉴定 1 级考试，并获得了日本英语技能检定协会颁发的文部科学大臣奖。在给她指导时，我围绕日语和英语的长文背景知识进行了说明指导。此外，弟弟也通过了准 1 级考试。之后他在日本补习班的模拟考试中获得了全国第 27 名的好成绩。据说在与国际学校面试谈话时，校方也问过他们："这个假期里，发生过什么改变人生的事情吗？"要我说，那就是减糖饮食改变了他们的身心，进而改进了他们的大脑。

要点

定居海外的日本人约有132万，对他们来说，归国子女教育是一大烦恼。

编辑部
报道

三岛塾北九州校区是这样的

这是位于北九州市的三岛塾校区，位于大楼的2～4层，空间十分宽敞。进门处的楼道里贴有“减糖基础知识”的海报。学生和家长在来往之间就能学习减糖相关知识。

三岛祐子老师

三岛修老师

学习空间

三岛塾的教学特色：活用市面上的辅导教材帮助孩子补习。每一层教室都配备了大量的参考书。学生们都在宽敞的桌子上学习。

每个初、高中生配有专用的大桌子。就算有人来参观，他们也不会被打扰。吃饭时间都是和每个学生商量后决定的。

厨房和用餐空间

烹饪的地方位于教室的一个角落，我们称为“厨房角”。厨房角没有煤气灶，而是配置了一个电磁炉和非常方便的焖烧锅（参考第 124 页）等厨具。麻雀虽小五脏俱全，在这里烹制出的肉类和蔬菜让原本挑食的学生们都狼吞虎咽。

学生这样说！

最喜欢三岛塾的这一点！&最喜欢的料理

【喜欢这一点！】

每个人都有属于自己的大书桌。但如果打瞌睡就会被取消！

【最喜欢的料理】

拉面、培根鸡蛋意面。

高二男生

【喜欢这一点！】

像自己家一样

【最喜欢的料理】

鸡肉火腿配奥罗拉酱[①]、汉堡肉。

小学4年级女生

【喜欢这一点！】

学习氛围很好。能集中注意力。

【最喜欢的料理】

牛排超好吃！每次配菜也都非常漂亮，吃得很开心。

专职备考的女生

【喜欢这一点！】

休息时间还可以画画，很开心！

【最喜欢的料理】

烤鸡腿。

小学6年级女生

① 此处音译，英文名为 Sauce Aurore，用贝夏梅尔酱混合番茄酱制成，常用来搭配鸡肉、鱼肉等。——译注

【喜欢这一点！】
考试发挥出了自己的最佳水平！
在这里做作业也很有效率。

【最喜欢的料理】
拉面。

初二男生

【喜欢这一点！】
有很多参考书！

【最喜欢的料理】
最喜欢肉类！
所有菜都很好吃。

高三男生

【喜欢这一点！】
学习效率很高！
自从在这里吃饭后，
我的脚后跟不再皲裂了。

【最喜欢的料理】
叉烧肉拉面。

高三女生

编辑部
采访

家长这样说！

我们家孩子的三岛塾体验

①考试前合宿辅导的力量！
长子、次子一并考上了心仪的大学和高中！

——T 女士（孩子现在分别上大一和高一）

“我们家大儿子在高三暑假期间来北九州校区进行了 12 天 11 夜学习，接受了托业考试指导和推荐入学考试的小论文指导。儿子说每天学习 14 小时，刚开始两天还觉得有点辛苦，但从第三天起就不觉得了。其实他本来是不爱吃牛肉和猪肉的，刚去的时候从早饭开始就有肉类，他有些难以接受，所以总是剩饭。但看到周围的同学有的甚至会吃两份的饭菜，他也开始努力吃饭。后来回到家，他还一直保持着当初在补习班的学习方法，最后实现了托业考试超过 450 分的目标，并且被心仪的大学录取。

“三岛塾给孩子适合的教材和自主学习的方法，让他们能够独立学习。”
——T 女士

“二儿子则是在上个寒假以及周末去辅导班。在之前的模拟考试中，他被第一志愿录取的可能性判定了 C 级。于是寒假期间他每天都去三岛塾学习，结果假期结束后的考试中他拿到了 A 级的评定，最终也被心仪的学校录取。学校老师都说：‘没想到竟然真的考上了。’（笑）过去当孩子身体不舒服或心情不稳定时，我只会感到不安和担心，但现在遇到这些情况，我会先回过头想想孩子的饮食和加餐中是否摄入了过多糖分。三岛塾提供了良好的学习环境，并通过减糖饮食让孩子注意力更集中，作为家长，我真的非常感激。”

②从推荐入试落榜，到触底反弹被录取。痼疾和肥胖也都得到了改善。

—— 一位橄榄球选手的妈妈（孩子大一）

“我们看了三岛先生的脸书（Facebook）和著作，改变了餐食结构并让孩子学习和运动并行展开，但他在推荐入试时落榜了，所以我们抱着试试看的心态来到了三岛塾，拜托三岛先生辅

北九州校区为了检查孩子的成长情况，会定期记录身高。大家都在成长。

导他。我们家孩子是在 12 月末来到补习班的，一直学到考试前，共 20 天。在这期间，他的日常饮食得到了改善，注意力更加集中，一扫之前落榜的阴霾，成绩也开始提升，最终考上了国立大学。有一段时间，我真的是不知道该怎么办才好，结果三岛塾让孩子的精神状态焕然一新，学习能力有所提高。

“总结来说，孩子之所以能坚持练习橄榄球，且体力和学习能力都能够保持住，这和队友以及同学的鼓励有很大关系，但我认为最主要的还是在于减糖饮食。

“现在，孩子原本的肥胖问题也得以解决，正在努力训练成为一名足球边锋选手。上了大学，他也一直坚持减糖饮食，所以并没有在食堂吃饭，而是自己准备日常饮食。我们都非常期待他接下来四年的大学时光。”

③不吃米饭后孩子们大变样，亲子关系也变好了。我半年也瘦了 11 千克！

——K 先生（三个孩子分别上初三、小学 6 年级、小学 4 年级）

“四年前，我们搬到了三岛塾附近，同时给孩子报了三岛塾补习班。三个孩子放学后就直接来三岛塾，吃点加餐后就开始学习。三岛塾就像家里一样，会根据孩子性格在合适的时机给他们提出一些建议。在开始减糖饮食之前，我们的饮食是以碳水化合物为主，那时孩子很不听话，而且经常吵闹。但自从我们家开始不吃米饭后，这一年间几个孩子都发生了巨大变化，特别是小女儿的注意力明显集中了许多；儿子也已有了自己的判断力，初三时已经不需要催促他去学习了，非常自主。因为下午还会吃有营养的加餐，所以晚饭只需要煎一些肉再配点蔬菜就可以了。我再也不用每天愁吃什么，去购物也非常轻松，食材也不会浪费，对于职场妈妈来说，我真的松了口气。而且，我自己每天也不再焦躁，身体状况也变得更好，现在我也把减糖饮食推荐给了朋友。”

三岛塾减糖食谱是妈妈和孩子们的好伙伴!

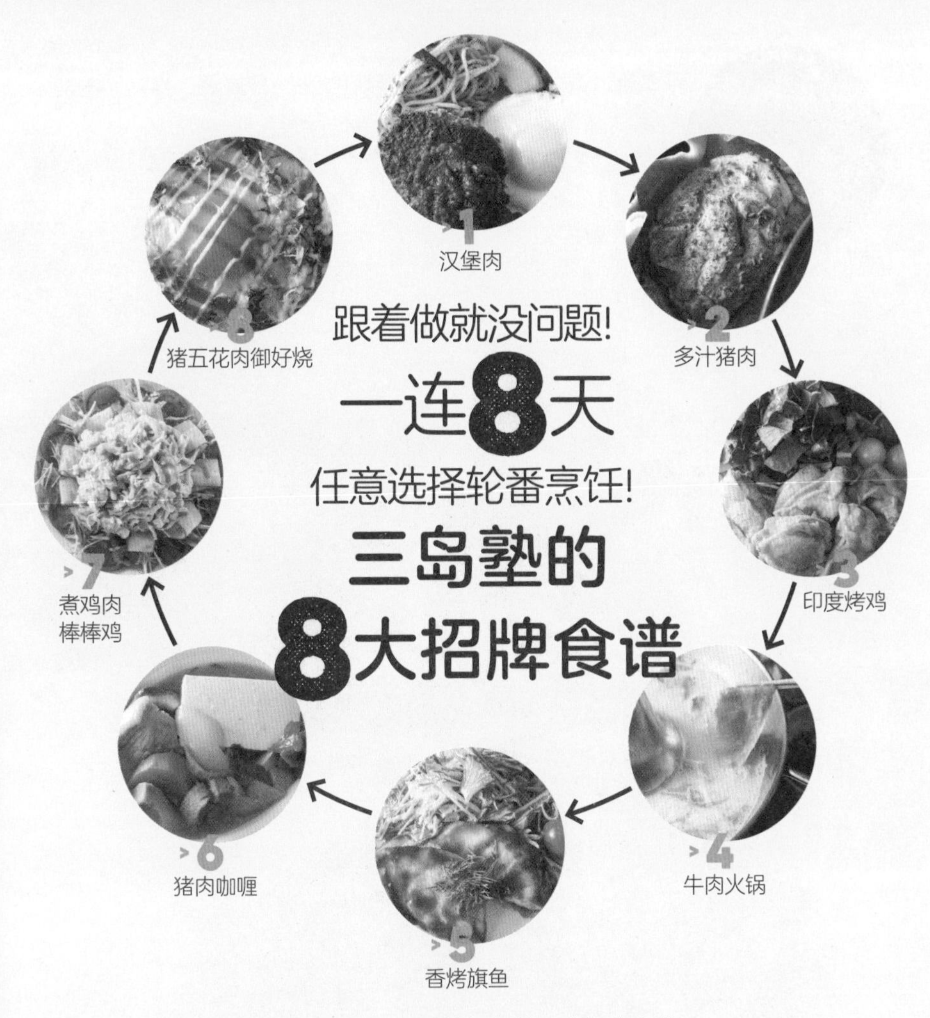

以上是最受孩子们欢迎的三岛塾 8 大招牌食谱！

采用“7+1”形式的 8 道菜食谱，只需任意选择组合即可，打破一成不变的菜单！因为一共有 8 道菜，所以不必担心配餐会让孩子失去期待，绝对不会出现每周一都是“咖喱日”这种无趣的情况！

根据孩子们的状态和期望，一起制作料理吧！

提升孩子情绪的食谱 ▾ 058 页
副菜食谱 ▾ 066 页
早餐食谱 ▾ 080 页
午餐食谱 ▾ 088 页
点心 ▾ 108 页
饮品 ▾ 114 页
零食 ▾ 116 页
暖汤食谱 ▾ 118 页

招牌食谱
1

受到小学、初中、高中补习班学生一致好评！当之无愧的第一名食谱

新罗风味汉堡肉

1人份
含糖量
16.9g
含酱汁和配菜在内

们都说："最喜欢吃汉堡肉了！"没错，这道菜在三岛塾补习班很有人气。很多学生都说"希望再做一次"。因此，在人气投票中是堂堂正正的第一名。

配料表（2人份）

●汉堡肉：牛绞肉160g / 猪绞肉80g / 洋葱1或2个 / 鸡蛋3个（1个拌在肉馅里，2个制作太阳蛋）/ 高野豆腐粉24g / 盐4g / 胡椒粉和肉豆蔻粉各少许 / 橄榄油适量

●酱汁：红酒1大勺 / 葡萄酒醋1大勺 / 番茄酱1大勺

●配菜：低糖罗勒酱意面（做法参考后文）80g / 喜欢的盐蒸蔬菜（参照第068页）适量

制作方法

1. 洋葱切碎，留一半放旁边待用。在平底锅中加入1大勺橄榄油，加入一半的洋葱用文火煎至透明。
2. 在一个大碗里放入绞肉、1个鸡蛋、洋葱碎（生熟一起放进来）、高野豆腐粉、盐、胡椒粉、肉豆蔻粉，充分混合。
3. 取出适量肉馅捏成扁椭圆形肉饼，拍一拍去除内部空气，在正中间按一个小凹槽。平底锅中加入少许橄榄油，把肉饼放入锅中煎至熟后，盛到容器中。
4. 向步骤3中平底锅煎出的肉汁里倒入酱汁配料，稍微熬煮。
5. 在另一个平底锅中加入少许油，把2个鸡蛋打进锅中并加入1大勺水，盖上锅盖等待蛋清变成白色即可出锅。
6. 在汉堡肉上浇上步骤4中制作的酱汁，铺上煎制的太阳蛋，搭配好罗勒酱意面和盐蒸蔬菜。

●配菜：低糖罗勒酱意面

低糖意面的制作方法参照第092页。将意面放入足量的热水中并加少量盐煮熟，沥干水分。平底锅里加入少量橄榄油，放入一个去籽的红辣椒小火煎制，待散发出香味时将沥干水的意面和罗勒酱（自家制和市售的都可以）倒入锅中搅匀出锅。

要　点

洋葱碎一半生一半煎熟混用，目的在于这样制作出的汉堡肉同时具备香甜的风味和独特的口感。

改　良

汉堡肉也可以用鸡肉制作，此外去皮的香肠切碎也可以制作。如果想要冷冻保存肉排，最好先加热后再放入冰箱保存。

※在一次减糖演讲会上，我在和孩子们一起制作汉堡肉，当时现场有一名叫井户口学的先生，他是千叶市"烤肉餐馆新罗（Shira）"的店主。这个食谱就是他教给我们的。

招牌食谱 2

高中男学生能轻松下肚

多汁猪肉

1人份
含糖量
1.2g

只含肉类

这是一个既有分量又“补脑”的食谱。孜然粒是一种富含维生素和矿物质的香料，其中富含的烟酸对大脑发育发挥着重要作用。我认为，三岛塾学生之所以能迅速提升成绩，一定和常吃孜然粒有关。此外，孜然粒中还富含大量的维生素 B_2、维生素 C 和维生素 E 等可以美容护肤的物质。这样说来，很多女生都喜欢孜然的味道，估计就是身体本能的追求所致。

配料表（2 人份）

猪肩里脊（块）500 g

盐 5 g

胡椒粉少许

孜然粒 1 大勺

制作方法

1. 在猪肉上加入盐、胡椒粉，并在猪肉表面涂满孜然粒。
2. 在铸铁锅（或厚底锅）里铺上烘焙纸，并放入步骤 1 中处理好的猪肉。
3. 盖上盖子，开小火加热 40 分钟左右。

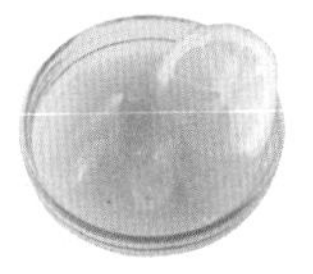

搭配橙香黄油酱汁非常美味。制作方法如下：把一个橙子去皮，果肉切块放入耐热容器中，加入 20 g 黄油，用微波炉加热 1 分钟左右即可。

在锅中铺烘焙纸是为了防止煳底，锅里不会满是油污，后续很好清理。

最后把烹制好的肉切片和配菜一起装盘。图中搭配的是盐蒸西蓝花和扁豆，以及生的迷你番茄和苦苣。

要点

“低温 + 恒温”的长时间烹饪是猪肉多汁的关键。

改良

大家也可以换成鸡肉，鸡胸肉或鸡腿肉都可以。制作方法完全相同。你也可以一次做很多，凉凉后放到冰箱里可以保存 4 ~ 5 天。是制作便当的很好选择。

招牌食谱 3

门一开，扑面而来的咖喱浓香让孩子们开心不已

印度烤鸡

1人份
含糖量
3.4g
包含配菜

这道菜只需把鸡肉放在酱料中腌制半小时再烤即可，非常简单，而且所需食材价格亲民，因此是三岛塾餐桌上常见的料理。我在教室的角落里烹饪，因为没有排气扇，所以整个教室里都充斥着咖喱的香味，孩子们仿佛置身于咖喱屋之中。每当有学生开门走进教室，都会感叹一声“啊，是印度烤鸡的味道”，随即期待不已。

配料表（2人份）

鸡腿肉 2 块（600g）

盐 6g

胡椒粉（少许）

原味酸奶（无糖）100g

咖喱粉 1/2 ~ 1 大勺

●配菜：

喜欢的蔬菜沙拉（此处用了油菜、trévise[①]、迷你番茄）依据个人喜好适量搭配

制作方法

1. 取 2 块鸡腿肉各五等分切割，加入盐和胡椒粉拌匀。
2. 向一个碗中加入酸奶和咖喱粉拌匀，加入步骤 1 中的鸡肉充分混合，腌制 30 分钟。
3. 在烤盘上铺上烘焙纸，把鸡肉控干料汁后码在烤盘上，放入 180 ℃提前预热好的烤箱里烤制 15 分钟。

2 咖喱粉依据个人喜好适量添加。

3 如果量很多，可以一次性用烤箱烤好。

* 如果用平底锅制作，可参照以下步骤：热锅下油，把控干料汁的鸡肉码在平底锅上，盖上锅盖小火煎制。待鸡肉煎熟，开大火给表面上色。

要　点

在鸡肉里加入盐和胡椒粉抓拌均匀，这样可以更加入味。

改　良

可以用鸡胸肉、鸡翅根、二节翅或旗鱼等代替鸡腿肉制作。

① 一种外形类似紫甘蓝的紫色小白菜，法语是 trévise。——译注

招牌食谱

4

妈妈忙碌时的“快手菜”

牛肉火锅

1人份

含糖量

7.8g

含豆腐在内

晚上下班回到家，仅需 10 分钟就能端上餐桌，你相信吗？首先，早上把牛肉从冰箱冷冻室里拿到冷藏室里解冻。下班回家后，把牛肉拿出恢复至室温，同时烧水。准备好柚子醋作为蘸料，小火锅就可以开涮啦。学会这道菜，再面对饥肠辘辘的孩子绝对游刃有余。

配料表（2人份）

薄切牛肉（涮锅专用）500g

喜欢的蔬菜（这里用了白菜、胡萝卜、水菜、姬松茸）适量

魔芋丝 1 袋

豆腐 100g

酒（无糖）1/4 杯（50mL）

柚子醋、柚子胡椒粉各适量

制作方法

1. 蔬菜切成适合大小，如白菜可切成一口大小，胡萝卜切成 4mm 的薄片，水菜切成 4 ~ 5cm 长，姬松茸掰成小块。魔芋丝用热水焯一下即可捞出，切成适口长度。豆腐也切至合适大小。
2. 火锅里加入足量水烧开，加入酒（图中使用乳清代替清水）。
3. 把步骤 1 中的蔬菜、魔芋丝、豆腐加入锅中煮熟，捞出。将牛肉放到热水中，轻轻翻动，即可食用。可佐以柚子醋和柚子胡椒粉，味道更好。

吃的时候可以分别蘸柚子醋和柚子胡椒粉。柚子醋可以自己制作，步骤如下：取柚子或香母酢[1]、柠檬等柑橘类水果挤出汁，并加入等量的酱油混合。香母酢或柚子挤出的汁可以倒进小瓶子里放冰箱的冷冻层保存。挤汁时，若用手动榨汁器，挤 5 千克的果汁需要花费 30 分钟左右。之后取用时只需解冻需要的量，再和酱油 1 : 1 混合即可。

平时通过邮寄购买的奶酪中，会放入乳清作为保冷剂。在制作这一火锅时也可以加入乳清作为汤底，也可以使用豆乳等。

要 点

锅中不用加入海带或高汤。在水沸腾后，仅需加入无糖酒即可制作出美味的火锅汤底。

改 良

牛肉也可换成薄片的猪肉、鸡胸肉等。

---

① 英文学名是 *Citrus sphaerocarpa*，也称臭橙，主要产地为大分县臼杵市，除了应用于刺身、烤鱼类料理，在产地还用于面类、味噌汤等，以增加风味。另外，臭橙是制作柚子醋的主要原料。——译注

招牌食谱 5

蚝油是关键！鱼类料理中的人气王！

香烤旗鱼

哪怕是讨厌吃鱼的孩子，吃了这道菜都会因为口感很像鸡肉而大快朵颐。这道菜的食材价格亲民，冷冻保存方便，而且没有鱼刺，可以放心食用，营养价值更是没的说。这也是足球运动员长友佑都的最爱。

配料表（2人份）

旗鱼肉4块（每块80～100g）

盐2g（1/3小勺多）

白胡椒粉少许

橄榄油1大勺

A | 蚝油2大勺
  | 咖喱粉1/2小勺

●配菜：

喜欢的沙拉类蔬菜（这里用了水菜和迷你番茄）适量

●沙拉酱：

美乃滋和原味酸奶以1∶1的比例混合，适量

制作方法

1. 如果是冷冻旗鱼，先拿出解冻，撒上盐和胡椒粉腌制。将配料表中的A混合制作成酱汁。
2. 平底锅中加入橄榄油烧热，将腌制好的旗鱼放入锅中，煎制两面。
3. 待鱼肉熟透后，加入A酱汁。
4. 把鱼块盛入盘中，放上喜欢的沙拉配菜，淋上沙拉酱。此外还可点缀香草（照片上用的是莳萝）。

要 点

把用盐和胡椒粉腌过的旗鱼块下锅煎制可能会使得鱼肉发干，但加入调好的酱料后，沾满酱料的鱼肉就会变得非常可口。

招牌食谱 6

豆腐代替米饭制作的美味低糖咖喱!

猪肉咖喱

1人份

含糖量 9.5g

含豆腐和福神渍[①]

① 福神渍也叫什锦八宝菜，据说是使用了萝卜、茄子、劈刀豆、莲藕、丝瓜、紫苏、芜菁七种蔬菜调味浸泡而成，是咖喱饭的必配菜肴。现在的福神渍已经进行了改良，日常用来搭配便当。——译注

在我小的时候，家里每周都会吃一次咖喱饭。现在我正执行减糖饮食，会时常想起兄弟 4 人争着抢着要再吃一碗的场景，每当那时我都会抑制不住地想要再吃一碗咖喱饭。为此，我把那碗记忆中的咖喱饭以低糖的形式“复活”了。

配料表（2 人份）

猪肉（大块的咖喱专用肉，或是碎肉）500 g
胡萝卜半根
洋葱半个
牛油果 1 个
橄榄油 1 ~ 2 大勺
咖喱粉 1 大勺
洋车前草粉（或瓜尔豆胶）适量
盐 5 g（1 小勺）
豆腐半块（150 g）
福神渍适量

制作方法

1. 胡萝卜切成适口大小的滚刀块，洋葱也切成适当大小。
2. 锅中倒入橄榄油烧热，把猪肉、胡萝卜、洋葱放入锅中煸炒。炒到洋葱变软，加入清水没过所有食材，开大火煮。待沸腾后，转小火把蔬菜煮到软。
3. 牛油果竖着对半切开，去掉果核和果皮，将果肉切碎加入锅中。
4. 把咖喱粉、洋车前草粉依次撒入锅里，需要不断搅拌，直至锅内食材变浓稠。
5. 把煮好的咖喱盛到碗中。将已控干水分并等分切块的温热豆腐和福神渍一起摆放在咖喱旁边。

要 点

洋车前草粉（或瓜尔豆胶）如果用勺子直接加入很容易结块，所以将其装入放“御好烧专用绿海苔粉”的容器里，一边撒一边搅拌就可以了。

瓜尔豆胶由车前草属植物的种皮粉末制成，其成分 90 % 以上都是膳食纤维，其中不溶性膳食纤维和水溶性膳食纤维处于一种平衡状态。溶于水后，它会膨胀约 30 倍大，并变成具有黏性的果冻状，因此可以用在此处起到勾芡作用。

改 良

可以把豆腐换成外面卖的无糖面或是自己制作的低糖面。

招牌食谱
7

用余热煮熟的鸡肉，多汁鲜香。

煮鸡肉棒棒鸡

1人份
含糖量
5.8g

含配菜

因为我们每次都要做 40 人的量，所以要用直径 50 cm 的锅制作这道菜。而且，给孩子们提供的饮食是不限量的，所以一次要做很多。鸡皮富含营养，可以切碎拌在蔬菜里面。

配料表（2人份）

鸡胸肉 2 块（共 600 g）
盐 6 g（1 小勺多）
胡椒粉少许
香叶 1 枚
黄瓜 1 根
番茄（小一点的）2 个
水菜适量

●芝麻酱汁：

芝麻酱 2 大勺
酱油 1 大勺
醋 1 大勺

制作方法

1. 鸡肉加盐、胡椒粉，揉搓均匀腌制。
2. 锅中倒入足量的水煮沸，之后把鸡肉和香叶放入沸水里，立刻关火，盖上锅盖放在室温下冷却。
3. 取一耐热容器，把制作芝麻酱汁的调料倒入混合均匀，盖上保鲜膜用微波炉加热 1 分钟，之后取出来再次搅拌。
4. 待步骤 2 的鸡肉冷却后取出，装入塑料袋并封口，用肉锤或擀面杖敲打。之后把鸡肉拿出来，沿着肉上开裂的部分用手把鸡肉撕成细条。
5. 把黄瓜沿纵向用刮皮器刮成长条，番茄切成圆片，水菜切成 3 ~ 4 cm 长。
6. 在容器中先把番茄片沿着边缘摆好，再把水菜码进去，之后在中间叠放黄瓜长条。最后放上鸡肉，浇上酱汁。

把鸡肉放进沸水中，立刻关火。

盖上盖子，用余热把鸡肉焖熟，这是使鸡肉多汁的诀窍。

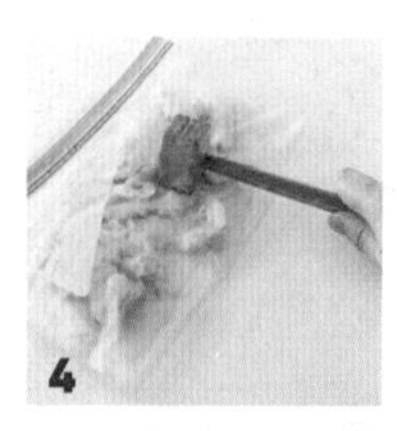

用肉锤把鸡肉纤维敲松。可以把鸡肉放进塑料袋敲打，鸡肉就不会到处崩。

改良

用猪五花肉的薄片代替鸡肉制作的菜也很美味，夏天吃再合适不过。

招牌食谱
8

满满的猪肉和卷心菜，没有面粉也不影响它的美味！

猪五花肉御好烧

1人份
含糖量
6.7g

到孩子们最喜欢的面类美食，那就是御好烧和章鱼烧了。烤制章鱼烧很费时间，且为了满足低糖饮食就需要把小麦粉换成大豆粉，但如此一来就难以形成一个圆球状。因此，我们就改良成了不需要小麦粉也可以轻松制作的御好烧。

配料表（1人份）

猪五花肉薄片100g
卷心菜1/8个
鸡蛋1个
比萨专用奶酪50g
酱汁（选择低糖的）、美乃滋各适量
海苔适量
鲣鱼花适量

制作方法

1. 卷心菜切成细丝。
2. 开火加热平底锅，加入猪肉片展开平铺，煎制两面。
3. 在猪肉上铺上卷心菜，中间留一个小坑，把奶酪撒在卷心菜上摆成甜甜圈的形状。在卷心菜中间打一个鸡蛋，盖上锅盖焖烤。
4. 等蛋白凝固、奶酪熔化后打开锅盖，释放蒸汽。之后不盖锅盖再煎1～2分钟，直到底部变脆时关火盛出。
5. 淋上酱汁和美乃滋，撒上鲣鱼花和撕碎的海苔。

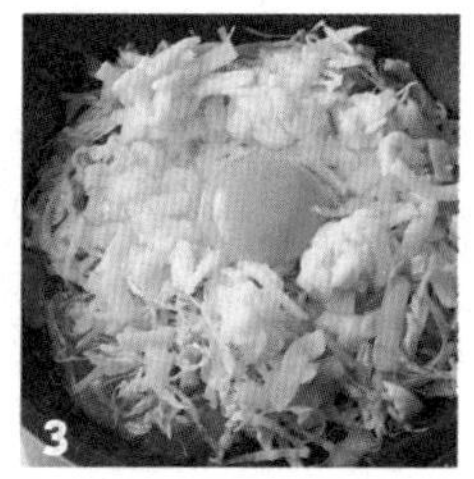

在肉上放满满的卷心菜直到看不见肉，上面摆一圈奶酪，最中间放一颗鸡蛋。

要　点

用玻璃锅盖可以清晰地观察到锅里面的变化。找准时机打开盖子，待蒸汽散去，香气扑鼻，底部焦脆的御好烧就做好啦。

改　良

如果买不到低糖酱汁，可以把普通酱汁与酱油1:1混合，来降低酱汁的含糖量。

※这个食谱源于“减糖族 in 北九州”某月例会的午餐制作过程，该例会已经举办了超过60次。

专栏

学生推荐

三岛塾明星食谱

前面介绍了三岛塾的8道招牌菜，接下来登场的是未能入选招牌菜的其他受欢迎菜品，并结合学生们的评价做详细介绍。

麻婆豆腐

红酒炖牛脸肉

肉馅糕

萤鱿比萨

纳豆煎蛋卷

鸡肉天妇罗

烤鸡

鸡蛋油炸豆腐包

熏猪肉

铁板烤鸡肉

番外 给夜里晚归的孩子特制的『汽车便当』

辅导班里有个孩子住在福冈市，距北九州约 60 千米，每次他回到家已经是深夜了。三岛塾的晚饭一般是 6：30 吃，估计孩子在路上会饿。于是我们就给他做了便当好让他在车上吃。等他回到家如果没吃完，在家里等待的家人也可以一起分享。

美味 1

在瘦肉价格合适时就买了预备起来

烤牛肉

1人份
含糖量
5.4g

含配菜和芥末

我虽然没有专门学过料理，但作为一名“老饕”，曾遍访各种餐馆品尝美食，用眼睛、鼻子和舌头记住了各类美味。在这其中，烤牛肉是很难做好的一道菜，但现在我已经能成功驾驭并俘获了大家的味蕾。考试前，每当我给补习班的学生们端上这道烤牛肉时，他们都会感觉压力瞬间全无。

配料表（2人份）

牛瘦肉（块）500g

橄榄油适量

盐、胡椒粉各适量

●配菜：

喜欢的蔬菜（这里用了胡萝卜、油菜、迷你番茄）各适量

制作方法

1. 牛肉在室温下放置30分钟，恢复到常温状态。
2. 平底锅加入橄榄油稍微加热，放入牛肉，每面煎1分钟。
3. 把牛肉每个面都煎制过后，拿出放到盘子上静置10分钟。
4. 再次烧热平底锅，重复步骤2。
5. 把牛肉从锅里取出，用锡纸包裹等待冷却（冷却后最好再放到冰箱冷藏室静置一晚）。
6. 制作配菜。平底锅中加入适量橄榄油加热，把切成薄片的胡萝卜、对半剖开的油菜以及迷你番茄一起放入锅中煎，加适量盐。
7. 把牛肉切成适合的厚度盛到盘子里，装饰上制作的配菜，再根据个人口味加适量的盐和胡椒粉，如果有条件再加一些芥末酱。

*如果用冷冻牛肉，就先用厨房纸包裹好牛肉，放到冷藏室里一晚即可解冻。煎之前也要先把肉恢复到室温。

牛肉每面煎1分钟。所有面都煎好后放置10分钟，再重复一次。

用锡纸包裹住牛肉等待冷却。

要点

肉事先不要用盐和胡椒粉调味，在吃的时候酌情添加，否则容易渗出红色汁液。如果有条件，可以用红酒、葡萄酒醋各1大勺煮成酱汁，搭配牛肉。

※该食谱是由脸书上的朋友猪崎真理子和编辑大森真理二人教给我的其他菜肴演变而成。

美味 2

餐厅的菜品在家也可以做

意式烤鱼

1人份

含糖量 4.7g

北九州的鱼店把不能送到筑地卖的小鱼放在笸箩里卖，3条鱼大约300日元。鱼的大小和种类都不尽相同，所以只能用味噌汤做底料烹饪了。我们把这道菜叫作“意式烤鱼”。因为这道菜的鱼肉和鱼刺很好分离，被鱼刺卡到的危险大大降低，因此大家每次都会吃光。

配料表（2人份）

喜欢的白身鱼（或者小型的加吉鱼、鳕鱼、弹涂鱼、鲉鱼、鲈鱼等）2条
蛤蜊（吐过沙的）约10个
迷你番茄6个
西蓝花2朵
橄榄10个
橄榄油2大勺
白葡萄酒半杯（100mL）
白胡椒粉适量

制作方法

1. 鱼刮鳞、去除鳃和内脏；蛤蜊用清水刷洗壳表面，洗干净后捞到笸箩里控水。
2. 锅里铺上烘焙纸，把鱼放在锅中，周围摆上蛤蜊、西蓝花、迷你番茄、橄榄。
3. 沿着锅边倒入白葡萄酒和橄榄油，撒上胡椒粉。
4. 盖上盖子开火，焖煮20分钟左右。
5. 直接把锅端上餐桌，分餐。

这道菜不加盐，而是加入大量橄榄油。橄榄油独特的香味和苦味给这道菜增添了别样风味。

要 点

食材本身已经有盐分了，
所以无须额外加盐。

美味
3

我们家过节时餐桌上少不了它

意式煎小牛肉火腿卷

1人份
含糖量
3.3g
含配菜

在意大利，这道菜是妈妈们的必做美食。之前我在“减糖族 in 北九州”的月例会上才会做这道菜。现在，它已经成了减糖人士小聚时，以及住校组学生们餐桌上的“常客”了。

配料表（2人份）

牛肩里脊肉薄片（2～3cm厚，每片80g）4片

生火腿2大片

鼠尾草叶（生）8片

盐、黑胡椒粉各适量

杏仁粉适量

黄油1大勺

红酒1/4杯（50mL）

生奶油半杯（100mL）

●配菜：

彩椒薄片各2片

制作方法

1. 用肉锤把牛肉片打薄，撒适量的盐和黑胡椒粉，把2片牛肉分成一组。每组牛肉中间放4片鼠尾草叶、1片生火腿。一共做2组。
2. 在夹好内馅的牛肉表面轻轻裹满杏仁粉。
3. 在平底锅中热黄油，放入准备好的牛肉，煎制两面。
4. 待牛肉变色，倒入红酒和生奶油稍微煮一下，再加入少许的盐和胡椒粉调味，关火。
5. 盛到盘子中，摆上彩椒，装饰少许鼠尾草叶（配料表分量外）即可。

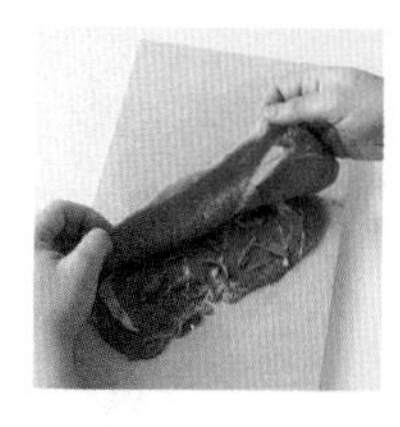

把两片牛肉重叠，中间夹上生火腿和鼠尾草叶。生火腿的盐分会给整道菜调味。

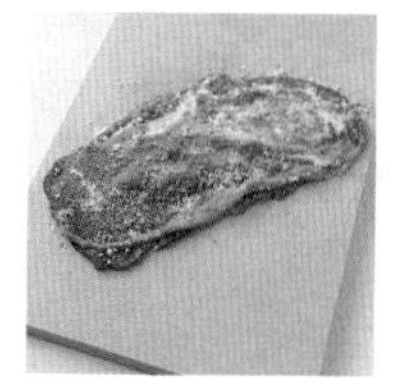

这里之所以选择用杏仁粉代替小麦粉，是因为用量较少，若用量较多用小麦粉也可以。

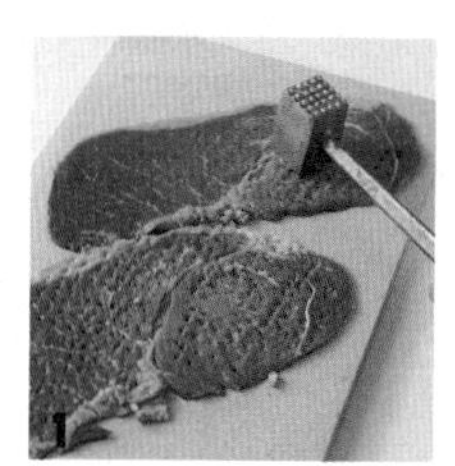

通过用肉锤把牛肉打薄，肉质会变得柔软，还会延展变大。

改　良

可以把牛肉替换成猪肉或鸡肉。

美味 4

吃了这道菜，孩子精力充沛

改良参鸡汤

这是学生们考前必吃的“加油必胜料理”中的一道。不过，参鸡汤的正宗做法中出现了糯米、栗子等不符合减糖饮食的食材。之前我收到了一只整鸡，突然有了想法：把内馅换成别的食材不就好了吗！因此，我把内馅换成了和鸡肉十分搭配的“铁板食材”，结果大受好评，现在已经成了招待客人必不可少的菜肴。

配料表（2人份）

整鸡（去除内脏）1只（约1.2kg）
鸡肝2个
鸡心1个
A | 酱油2大勺
  | 酒（无糖）2大勺
煮鸡蛋（剥壳）2个
牛蒡1/3根
大葱1根
生姜约15g
大蒜1瓣
香油适量
喜欢的香辛料（五香粉、花椒粉等）适量

制作方法

1. 把鸡肝和鸡心用A配料腌制半小时入味。
2. 把牛蒡和大葱切成4～5cm长，葱叶部分待用；生姜去皮粗略切碎，大蒜对半切开。
3. 用厨房纸擦拭整只鸡的腹部内侧，塞入步骤1、2的食材及煮熟的鸡蛋，用线绑住鸡腿，再用牙签把鸡腹部开口处串上闭合。
4. 把整鸡放入蒸锅，把葱叶放到鸡上，盖上锅盖蒸1小时。
5. 取出蒸好的鸡，趁热淋上香油、刷上喜欢的香辛料。

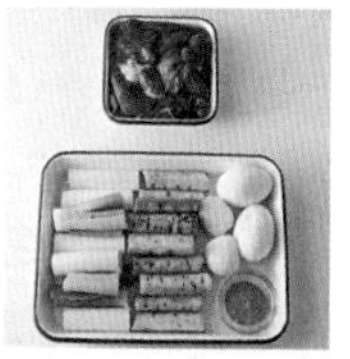

整鸡内部塞的食材，鸡肝、鸡心提前用酒和酱油腌制入味。

用线绑紧鸡腿，这样鸡肚子里的肉汁就不会轻易流出，出锅时样子也好看。

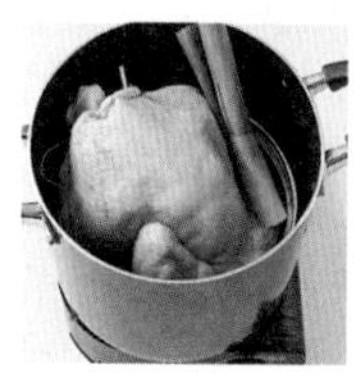

如果你没有蒸锅，可以在一个足够大的锅里装适量的水，放一个深碗，然后把鸡放在碗里蒸熟。

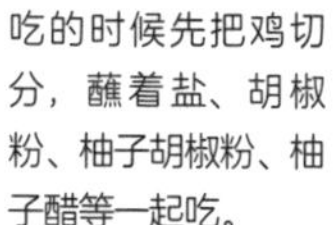

吃的时候先把鸡切分，蘸着盐、胡椒粉、柚子胡椒粉、柚子醋等一起吃。

改　良

锅底遗留的汤汁加入盐、胡椒粉调味，又是一道佳肴，可以用来做低糖拉面的汤底。

“减糖饮食”应是多吃肉类、鸡蛋和奶酪，根茎类蔬菜的含糖量很高，因此要控制摄入。但油菜、水菜、茼蒿、青梗菜等叶菜还是要多吃。叶菜不仅富含维生素和矿物质，还富含膳食纤维，这是大肠中的酪酸菌最爱的“养料”。同理，豆类和海藻类也要积极摄入。清洗蔬菜时注意，应用水温约为 50 ℃的热水清洗，之后再加凉水清洗一遍。这样蔬菜会清脆爽口。用“50 ℃清洗法”清洗过的蔬菜直接用手掰碎，加入盐和橄榄油拌匀，即可享用。

副菜食谱

三岛塾的学生们最喜欢蔬菜、豆类和海藻

我之所以提倡多吃蔬菜，是因为蔬菜对人体来说是维生素 C 和膳食纤维的主要来源。小松菜没有涩味，不仅可以焯水后淋上酱油做成拌菜，还可以直接做成沙拉。水菜钙含量非常丰富，吃起来有嘎吱嘎吱的口感，所以它适合搭配着肉一起吃。茼蒿味道微苦，和肉很搭，而且富含 β－胡萝卜素。青梗菜一般在室内栽培，全年价格稳定，是物美价廉的好食材。西蓝花的维生素 C 含量在蔬菜中是数一数二的。菠菜虽然营养丰富，但其中的草酸会影响人体对钙的吸收，所以不建议生吃。

盐蒸蔬菜

适合做便当或当作配菜

蔬菜中的维生素 C 具有水溶性，因此煮比蒸更容易造成营养成分的流失。“蒸菜”是一种不用加水煮、非常省时省力的烹饪方法。

配料表（2人份）

西蓝花 1/4 个
胡萝卜 1/2 根
南瓜 1/8 个
洋葱 1 小个
橄榄油适量
盐适量

制作方法

1. 把西蓝花分成小朵，胡萝卜随意切块，南瓜切成一口大小，洋葱切成 4 块。
2. 锅中加入 3 大勺水，铺上烘焙纸，放上蔬菜，撒入适量盐，淋一圈橄榄油。盖上盖子蒸 10 分钟。

要　点

胡萝卜和南瓜富含 β - 胡萝卜素，所以可根据需要决定分量。

※ 此处用的蔬菜是来自冲绳的比嘉直子送给学生的。

白萝卜柠檬沙拉

酸爽的味道赶走困意

困的时候，可以让疲劳的身体摄入柠檬酸。柠檬太酸，单吃根本吃不进去，但和白萝卜搭配在一起，酸度被中和到刚好。学习累了时，简单吃一点，立刻元气满满。这道菜不用菜刀，用切片器就可以轻松制作。

配料表（2人份）

白萝卜 100 g
柠檬半个
盐 1.5 g（少于 1/3 小勺）

制作方法

1. 白萝卜去皮，先对半切开，再分别切成半圆的薄片。
2. 用盐（配料表的用盐量外）先把柠檬皮搓洗，再用清水冲净，带皮切片。
3. 取 1 片柠檬和 1 片白萝卜叠在一起，摆到盘子里。全都这样组合起来，撒上盐。

凉拌卷心菜

寻常蔬菜大变身

明明就是用应季蔬菜和水煮蛋等冰箱里现成材料混合制作的料理，没想到又好看又让人充满食欲。夏天，把这道菜放冰箱里冷藏过后味道更好。

配料表（2人份）

卷心菜 2 个
黄瓜半根
胡萝卜半根
盐 1.5 g（少于 1/3 小勺）
胡椒粉少许
美乃滋 2 ~ 3 大勺

制作方法

1. 卷心菜、黄瓜、胡萝卜切成小丁。
2. 放到大碗里混合，加入盐和胡椒粉搅拌，再加入美乃滋进一步拌匀。

改　良

如果不用美乃滋，可以改用市售的沙拉汁，请注意包装上的标识，因为有可能含糖量很高。

过水鲜裙带菜凉拌菜 3 道

●鲜裙带菜+鳕鱼子

配料表 （2人份）

鲜裙带菜约80g
鳕鱼子1整块

制作方法

1. 把裙带菜放到篦子上，用热水均匀浇烫；之后沥干水分，切成适口大小，放到碗里。
2. 把鳕鱼子分成小块放到备好的裙带菜上，一边吃一边把鳕鱼子压碎。

●鲜裙带菜+蒸大豆

配料表 （2人份）

鲜裙带菜约80g
蒸大豆（干燥包装）50g
柚子醋适量

制作方法

1. 把裙带菜放到篦子上，用热水均匀浇烫；之后沥干水分，切成适口大小，放到碗里。
2. 放上蒸大豆，淋上柚子醋即可。

●鲜裙带菜+竹轮

配料表 （2人份）

鲜裙带菜约80g
竹轮约半根
芥末酱油、芥子酱油、柚子醋等适量

制作方法

1. 把裙带菜放到篦子上，用热水均匀浇烫；之后沥干水分，切成适口大小，放到碗里。
2. 把竹轮切成薄片放到上面，依据个人喜好淋上芥末酱油等调料即可。

春天的时候如果在商店里看到了鲜裙带菜，请一定尝试做一下。只需用清水冲洗，切成适当大小，放入篦子里用热水烫一遍即可。推荐搭配柚子醋一起吃。

制作前需要把鲜裙带菜过水，用热水均匀烫一遍。这样鲜裙带菜不仅颜色会更加鲜艳，口感也会更加柔软。

羊栖菜蒸大豆沙拉

1人份
含糖量
2.3g

如果是新鲜的羊栖菜就用热水浇烫一遍，如果是菜干就用水泡发。蒸大豆选用市售的罐头或成包的就可以。

配料表（2人份）

鲜羊栖菜 50 g

* 干羊栖菜 10 g

蒸大豆（干燥包装）50 g

柚子醋、芥末酱油等适量

制作方法

1. 把羊栖菜放到篦子上，用热水均匀浇烫，沥干水分。干羊栖菜则用足量的水浸泡 20 分钟左右，直到泡发；之后同样放到篦子上沥干水分。
2. 放到容器里，放上蒸大豆，浇上柚子醋等调味料即可。

* 蒸豆子可以参考第 117 页。

蒸黑豆茼蒿奶酪烧

论是作为一道快手菜，还是作为加菜的一项选择，都非常适合。孩子们可以自己制作，作为日间小食或消夜。

配料表（2人份）

蒸黑豆（干燥包装）50 g

茼蒿 3 根

比萨专用奶酪 30 g

制作方法

1. 茼蒿切碎，和蒸黑豆大致拌匀。
2. 把奶酪放入耐热容器里，覆盖上保鲜膜，用微波炉加热奶酪 2 分钟直至熔化。
3. 取出奶酪，趁热和茼蒿、蒸黑豆搅拌均匀。

早餐是吃还是不吃呢？我认为都可以。每个个体的年龄不同，生活模式也不尽相同，所以如果前一晚吃多了早上不饿就可以不吃；早睡早起，如果饿了就可以吃。如果要吃早餐，我推荐以下这款快速、简单、营养满分的早餐，用平底锅制作完直接连锅端上桌，还能少洗一个盘子！

早餐食谱

三岛塾的早餐贯穿着2个固定模式

采用和酒店类似的单盘盛菜方式，透露着些许高级感。在平底锅中倒入少许油，将食材放入，盖上锅盖，小火加热 5 ~ 7 分钟。如果用计时器提醒，在这段时间里就可以做一些其他工作，非常方便。

在平底锅或塔吉锅里放入全部食材，盖上盖子，开火煎制即可。如果锅足够大，一次就可以做两人份的早餐。

入口即化的太阳蛋制作方法

从我结婚以来，我们家的太阳蛋就是溏心的。因为我的妻子爱吃溏心蛋。而为了煎出来软嫩的蛋白，每次煎的时候，我都会倒一杯水到锅里，这也是太阳蛋入口即化的原因。

制作方法

1. 平底锅放少许油，开火，打一个鸡蛋到锅里。等蛋白稍微凝固，加入一杯水。
2. 盖上锅盖继续煎。待蛋黄覆盖上了一层白色的膜，呈半熟状态即可。

西式早餐

"信号灯颜色"的组合，看起来好漂亮！

1人份
含糖量
4.4g

配料表（1人份）

鸡蛋1个

香肠2根

番茄（小型）1个

西蓝花2朵

橄榄油少许

调味料适量

制作方法

1. 在平底锅或塔吉锅里倒少许橄榄油，打1个鸡蛋进锅里。在锅里的空余处放上香肠、番茄、西蓝花。

2. 开火，倒入一杯水开始蒸煎食材，加热5～7分钟，直到蛋黄呈现粉色半熟程度，关火，盛到容器中。根据个人喜好加入盐、胡椒粉、美乃滋即可。

早餐食谱

日式早餐

鱼肉中富含 EPA 和 DHA，提升孩子的算术能力！

江部康二先生提倡肉和鱼的摄入比例保持在 1∶1。105 岁仍坚持在职的医生日野原重明先生，他的晚餐食谱里也有鱼出现。因为鱼一般会有腥味，很多妈妈担心孩子不爱吃。但是，采用下面这个烹饪方法完全可以打消妈妈们的顾虑。不仅屋子里不会充斥着腥味，后续打扫也会非常简单。

配料表（1 人份）

鸡蛋 1 个
生三文鱼（鱼块）1 块
油菜 1 棵
木棉豆腐 1/4 块
香油少许
调味料适量

制作方法

1. 在平底锅或塔吉锅里倒少许橄榄油，打 1 个鸡蛋进锅里。在锅中的空余处放上三文鱼、木棉豆腐和切好的油菜。
2. 开火，倒入一杯水，开始蒸煎食材。加热 5 ~ 7 分钟，直到蛋黄呈半熟的程度，关火盛出。根据个人喜好加入盐、胡椒粉、酱油即可。

这个方法可以在平底锅中一次性做好。如果想要把木棉豆腐两面都煎出颜色，就反复煎。

清晨唤醒活力的味噌汤

补充早上的第一口水分，就选它！

1人份
含糖量
2.4g

早上很忙碌，没有时间认真吃个早饭，但还是要补充维生素和矿物质。虽然奶昔看起来很好，但里面含有大量糖分。于是，我想到了“味噌奶昔”这个创意！只需要把所有食材放入马克杯冲开即可。孩子们也可以在妈妈的帮助下自己制作。

配料表（1人份）

石莼（可以用剪短的裙带菜代替）1大勺

小葱（切碎）1小勺

味噌1小勺

和风汤底料（粉末）适量

制作方法

把材料都放进马克杯里，注入150～200mL开水。

*和风汤汁的厂家不同味道也不同，请参照包装上的冲泡方法进行冲泡。尽量选择素材天然的底料。

我喜欢用的高汤干粉是长崎县生产的干燥松茸粉末和日本国内产的小沙丁鱼干、鲣鱼花、竹筴鱼、鲭鱼粉末制成的调味料组合。

方便型味噌汤中有干燥的海带，冲泡后吃起来很方便。绿油油的颜色和柔软的口感非常棒。如果没有海带，可以用裙带菜段或海苔代替。

比起米饭，我更喜欢面食。无论是乌冬面、荞麦面还是意大利面，我都非常喜欢。在刚开始减糖时，我不能再吃面条，所以感到非常痛苦。每个月当我做完血液检查回家前，我都会去一家很喜欢的拉面店，那天也就是所谓的“欺骗日[①]”。但在半年之后，有一天我回到家不一会儿就感觉全身发抖，后背冒冷汗，在那一瞬间仿佛感到死亡朝我袭来，非常恐怖，这种现象也就是所谓的“餐后低血糖”。从那之后，我开始远离面条。不过，最近市面上低糖面条非常常见，因此我又可以和孩子们一起享受美味的面条料理了。

三岛塾午餐之周末&集训时
受欢迎的面条料理

三岛风格
0糖面的使用方法

我刚购入 0 糖面条时，很难把水分控干，但 4 年前在“减糖族 in 北九州”的月例会上，大家做午餐时，我发现只要冷冻一下，就可以很方便地去除面里的水分，面也会变得更好吃。这个秘诀一般人我不告诉他。

① Cheat day，一般指在健身期间每隔 7—10 天，抽出一天，进食热量远远超过日常摄入量的食物，以提高体内生长激素的水平，从而引发新的肌肉增长。——译注

0 糖面的主要原材料是豆渣粉、魔芋粉，不含糖，每袋 180g，能量为 27 千卡。它不用煮，用清水洗后就可以吃。

↓

冷冻

通过冷冻去除多余水分，让 0 糖面口感上变得很有嚼劲。

盐炒荞麦面

因为酱料中糖分含量较高，所以做成盐炒风味。

配料表（2人份）

低糖面饼（如0糖面）2袋
猪肉丝150g
卷心菜2～3片
洋葱1/4个
豆芽1/2袋
芝麻油适量
盐3.5g（2/3小勺）
胡椒粉少许
肠浒苔、小葱（切碎）、木鱼花各少许
鸡蛋2个

制作方法

准备工作：提前冷冻低糖面条。

1. 冷冻过后的低糖面用清水冲洗开，或用微波炉加热解冻，之后放到篦子上沥干水分。
2. 卷心菜切成一口大小，洋葱切成细丝。
3. 平底锅里放1大勺芝麻油，煎制猪肉丝。待猪肉丝变色，加入卷心菜、洋葱和豆芽翻炒至变软，再加入面条翻炒，用盐和胡椒粉调味后盛出。
4. 在另一个平底锅中加入少许芝麻油，打入鸡蛋，倒一杯水，盖上盖子焖烧2分钟左右。
5. 把太阳蛋放到面条上，再撒上小葱花、木鱼花、肠浒苔，最后淋上一点芝麻油拌匀即可。

条虽然可以手工制作，但容易弄脏厨房和衣服，我妻子也会非常头疼。而面条机和低糖预拌粉帮我实现了低糖面自由。

三岛塾手工低糖面条制作方法

我用的面条机，只需转换配件，即可制作出各式意面（细长型意面、宽面、通心粉）、乌冬面、拉面等各式面条。

把低糖预拌粉（1袋500 g）放进机器中（配比一般会在包装背面标示出来），需要加入的液体根据面条种类有所不同，如制作意面就加入鸡蛋和水，制作乌冬面就加入盐和水，制作拉面就加入小苏打、盐和水。

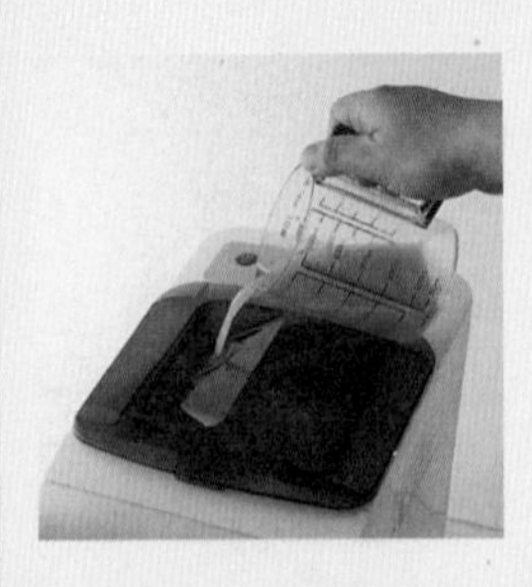

盖上盖子按下开关，机器开始运转，把混合好的液体缓缓倒入机器中。照片中是在制作意面，用1袋粉（500 g）、2个鸡蛋、140 mL冷水和8 g盐的混合液体。

5分钟后和好面，机器会自动开始制面，用餐刀把制好的面截取成想要的长度即可。

手工面制作完成。低糖预拌粉1袋是7人份，所以用不了的部分可以按照一份80g分装，冷冻储存。

用低糖乌冬面预拌粉做乌冬面时，1袋粉（500g）加220mL水和8g盐。

制作好的乌冬面完全不输市售商品，口感非常软糯。

炒乌冬面

酱油和木鱼花的香气让人欲罢不能

炒乌冬面的发源地应该是北九州，不过我在北九州生活了30年一次都没有在店里吃过。自从开始了减糖生活，我就再也不吃乌冬面了，想来有些许遗憾。

配料表（1人份）

自制低糖面条（此处是低糖乌冬面预拌粉做的面条）160 g

猪肉丝 150 g

卷心菜 2 ~ 3 片

洋葱 1/4 个

豆芽半袋

芝麻油适量

酱油少许

胡椒粉少许

肠浒苔、木鱼花、葱花各少许

鸡蛋 2 个

制作方法

1. 锅中加水煮沸，把自制低糖面条放入煮 5 ~ 7 分钟，煮至喜欢的软硬度，捞出盛到篦子上控干水分。
2. 卷心菜切成一口大小，洋葱切细丝。
3. 在平底锅中倒 1 大勺芝麻油加热，放入猪肉丝煸炒。待猪肉丝变色，放入卷心菜、洋葱、豆芽等，炒至蔬菜变软，再加入面条继续翻炒，并放入盐、酱油、胡椒粉调味。
4. 在另一个平底锅中加入少许芝麻油，打入鸡蛋，倒一杯水，盖上盖子焖烧 2 分钟左右。
5. 把炒面盛到盘子里，放上太阳蛋，撒上小葱花、木鱼花、肠浒苔，最后淋上些许芝麻油拌匀即可。

鳕鱼子意面

女高中生们还喜欢明太子意面!

1人份
含糖量
0.5g

今天要做的是日式意面。虽然蘑菇意面也很美味，但补习班的学生们更喜欢鳕鱼子意面。摆盘时再增添一点绿色蔬菜。来，趁热吃吧！

配料表（2人份）

低糖面饼（如0糖面条等）2袋

鳕鱼子1整块

橄榄油1大勺

盐适量

胡椒粉适量

青菜（这里用了菜心）2～4根

制作方法

准备工作：提前冷冻低糖面条

1. 冷冻过后的低糖面用清水冲洗，或用微波炉加热解冻，之后放到篦子上沥干水分。
2. 在平底锅中加入橄榄油预热，把整块鳕鱼子去皮后放入锅内翻炒，之后加入面条，炒干水分。
3. 加入盐、胡椒粉调味。
4. 盛到盘子中，放上汆烫过的蔬菜。

培根鸡蛋意面

耗时 10 分钟的豪华午餐!

根鸡蛋意面作为制作方法如此简单的面条，却在补习班的学生中大受欢迎。点名要吃它的学生不在少数。

配料表（2人份）

自制低糖面条（此处是用低糖意面预拌粉做的面条）160 g
培根 3 ~ 4 片
大蒜 1 瓣
橄榄油 1 大勺
比萨专用奶酪 40 g
鸡蛋 1 个
美乃滋 2 大勺
盐适量
胡椒粉少许

制作方法

1. 培根切成 1 cm 宽，用菜刀拍扁大蒜再切碎。
2. 在锅中加入足量的水烧开，加入适量的盐（2L 水加入 1 大勺盐），再加入低糖自制面条煮 5 ~ 7 分钟，煮至喜欢的软硬度。
3. 煮面的同时，在平底锅中倒入橄榄油预热，加入蒜末和培根翻炒（不怕辣的话可以加点红辣椒）。
4. 往平底锅里加入奶酪、打散的鸡蛋、美乃滋翻炒。
5. 面条煮好后盛出沥干水分，加到平底锅中全部拌匀，再加入少许盐和胡椒粉调味后装盘即可。

制面时换上扁面配件，即可得到非常适合培根鸡蛋风味的意式扁面。

鸡肉扁面

盛夏时节可以搭配冷藏的鸡汤

鸡肉最好选用下蛋的母鸡的肉，虽然肉质偏硬，但若是细细品尝会发现回味无穷。

配料表（2人份）

低糖扁面（如0糖面条等）2袋

鸡肉块150 g

鱼糕6片

鸡蛋2个

酱油2大勺

酒（无糖）2大勺

鸭儿芹（切碎）适量

制作方法

准备工作：提前冷冻低糖面条。

1. 冷冻过后的低糖面用清水冲洗开，或用微波炉加热解冻，之后放到篦子上沥干水分。
2. 在锅中加入酱油和酒，煮沸后加入鸡肉。等鸡肉变熟后捞出，加入400 mL水煮沸，作为面条汤底。
3. 在另一个锅中加水煮沸，打一个鸡蛋，煮成荷包蛋。
4. 把面放入碗中，再把鸡肉、荷包蛋、鱼糕、鸭儿芹码在面上，倒入汤底。

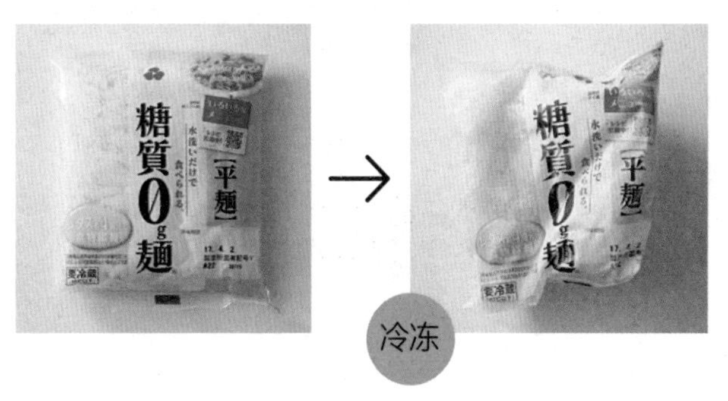

属于扁面的0糖面条和之前的面饼一样，也可以通过冷冻来去除面中多余的水分，这样面条的口感会更好。

酱油拉面

味噌、酱油、盐、猪骨，是否是你的最爱呢？

叉烧和干笋也可以自己制作。在锅中倒入100mL绍兴黄酒，放入甜面酱、蚝油各1大勺以及适量花椒煮沸，把切成2cm厚的猪肩里脊肉放入，转小火煮10分钟。之后，再加入用水煮过的干笋继续炖煮。

配料表（2人份）

自制低糖面条（此处是用低糖拉面预拌粉做的面条）160g
叉烧4～6片（根据大小选择）
干笋6～8根
煮鸡蛋1个
小葱（切碎）适量
拉面汤底粉（市售）2包

制作方法

1. 在锅中加入足量的水烧开，加入低糖自制面条煮5～7分钟，煮至喜欢的软硬度。
2. 煮面的同时，在碗中加入拉面汤底粉，用开水冲开（根据不同品牌食用说明的比例加水）。
3. 加入沥干水分的面条，码入叉烧、干笋、煮鸡蛋和小葱等。

用低糖拉面预拌粉制作拉面时，1袋（500g）面粉要加入以下配比制成的小苏打水：160mL水、4g盐和用40mL热水溶化的2g小苏打。图片中使用的是1.3mm细的拉面。入口顺滑，备受食客追捧。

专栏

过去和现在学生们的便当对比

学生们往往一下课就直接来我们补习班。以前，他们的晚饭都在便利店或便当店里解决，但店里一般都不会售卖减糖便当。于是，我就开始制作辅食。周日或者暑假的时候，孩子们都是从家里直接来补习班，家长们一般也会亲自制作便当给孩子们带上。

以下展示了一部分便当的照片，其实未展示出的也有很多高级且十分专业的便当。因为担心高规格的便当照片容易制造心理压力，让人感觉制作便当很累，所以就没有放上来。总之，制作便当首先要倾注感情，其次要注重味道、乐趣以及低糖！

2~3年前的便当，姑且不包含主食，主要是肉、蛋、奶酪

好可爱！这是女生们一起吃饭时常常见到的那种便当。因为我很喜欢吃黄瓜，所以每次都会放一些。（2015 年，北九州，一位小学 5 年级女生的便当）

只有炒蛋是早上制作的。把提前制作好的部分拼凑在一起，成为美味午餐。（2015 年，北九州，一位小学 5 年级男生的便当）

肉、蛋、奶酪一应俱全。里面还有扇贝可以补充牛磺酸。奶油奶酪是饭后甜点。（2016 年，北九州，一位初二男生的便当）

从哪个菜开始吃呢？把前一天晚上的剩菜装盒带上即可。方便快捷的便当。（2014 年，北九州，一位初一女生的便当）

最近一年在看了脸书后，每个人都掌握了便当制作诀窍

这是体育部男生的便当，满满的，肉类约有 200 g。不过即便如此，回家还是会喊饿。（2017年，东京，一位小学6年级男生的便当）

白色放左边是料理摆盘的基础。这位家长的色彩搭配做得很好。看来很享受制作便当的过程。（2017 年，东京，一位高一女生的便当）

在三岛塾学习的烤牛肉是一大亮点。意面是用低糖面条制作的，但如果不说谁都看不出来。（2017 年，东京，一位初三男生的便当）

这份便当也是倾注了心血的。妈妈直接准备了一道汤。最近的便当盒已经可以做得不漏汤汁，所以可以放心携带。（2016 年，东京，一位小学 6 年级女生的便当）

这位妈妈简直太拼了，样数这么多，肯定花了很长时间准备。稍微简单一点也可以呀！（2016 年，北九州，一位初一男生的便当）

芦笋猪肉卷看起来就很美味。鲑鱼中富含虾青素，有助于恢复精力。（2016 年，东京，一位高二女生的便当）

专栏

和学校供餐的平衡方式

以前粮食稀缺的年代，学校供餐不会考虑餐食营养问题。即便到了今天这个粮食丰富的时代，还有一些“贫困儿童”是在依靠学校供餐来补充营养。对于父母都工作的家庭来说，制作便当很麻烦，所以家长们就会寄希望于学校供餐。鉴于这样的情况，日本政府便从来没有提出结束学校供餐。但我要说的并不是制度问题，而是配餐本身的问题。

一个孩子的一顿伙食费大概不到 300 日元。水电费和人工费都从税金里出，因此这 300 日元就是单纯的食材费用。按理来说，孩子们也可以吃饭店里 1000 日元以上的菜，然而现在吃的却是炒面、面包、布丁、牛奶等碳水化合物满满的饭菜。所以我希望，学校给孩子们提供的是真正营养充足的食物，而不是一味地推崇“卡路里神话”。

三岛塾一般会限制孩子们去便利店买东西，即便现在便利店里也出现了很多低糖食品。之前我在机场登机前，也曾去便利店买过“可撕沙拉鸡肉”吃。但孩子们去便利店一般会买便当、果汁以及一些垃圾食品。虽然我们告诉他们不要去买不健康的食品，但他们也不可能自己做饭吃。

在三岛塾，有很多孩子都是一放学就过来，我实在看不下去孩子们总是吃一些不健康食品，于是开始给他们制作辅食。想到全国有那么多孩子都在上补习班，因此，我真的希望便利店能推出“减糖便利店便当”，来达到“营养健康”的目的。

巧用便利店实现减糖饮食！

可撕沙拉鸡肉、半袋沙拉配菜、半熟鸡蛋、低糖烤面包，共约 500 日元。

利用从便利店买来的食材制作美味减糖饮食。在烤面包中间夹上沙拉和可撕沙拉鸡肉、半熟鸡蛋，一个简单美味的三明治就制作完成了。半熟鸡蛋主要用来代替酱料。

中午饭在外面吃以及突然饿了的时候

在便利店可以买到在减糖期间十分推荐的小食——沙拉鸡肉。最近推出了几种新口味，如海藻沙拉、绿色沙拉等。

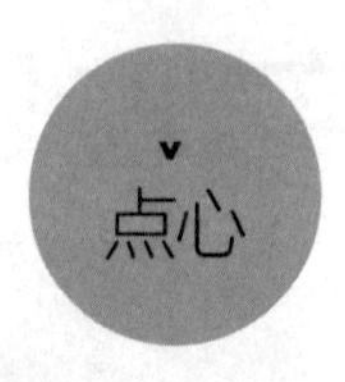

三岛塾给孩子的减糖点心

把熔化的奶酪放到耐热的容器里，用微波炉加热一下即可。这是来三岛塾上补习班的孩子们回家前的“小奖励”。这也是为了防止劳累了一天的孩子们回家后，放松下来突然想吃东西。我有时候深夜回到家，就会径直走向厨房，享用一顿肉和烧酒。但如果孩子们也无节制地吃盖浇面，那么睡眠质量没法保证，入睡、起床都会很困难。和米饭等食物的碳水化合物不同，奶酪和鸡蛋等优质蛋白质、脂质不仅对消化好，还可以帮助他们在睡眠状态下的机体进行自我修复。

说到奶酪，就不能不提比萨。根据馅料不同，比萨可以拥有不同“身份”。如果比萨饼上面是水果和打发奶油等，那就是一道甜点。如果上面是牛油果、小番茄等，那就是一道正餐。如果上面是萨拉米、油浸沙丁鱼等，那就是一道下酒菜。所以，按照喜好自由发挥吧！

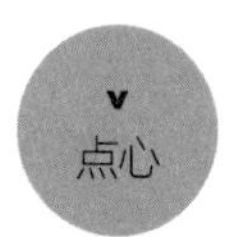

微波奶酪

不好意思，就是这么简单！

配料表（1人份）

比萨专用奶酪一小杯（约40g）

制作方法

在耐热容器中铺一层烘焙纸，放入奶酪。将容器放入微波炉。如果想要熔化成黏稠的样子，就加热40秒；如果想要酥脆的仙贝口感，就加热90～120秒。

铺上烘焙纸，可以很省力地把奶酪剥下。除了比萨专用奶酪，还可以用片状奶酪。照片下方的是酥脆的奶酪，上面的是黏稠的奶酪。不知为何，黏稠的奶酪在孩子们间最受欢迎。

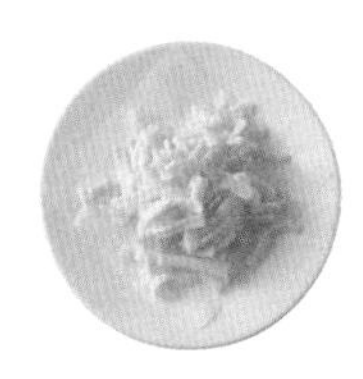

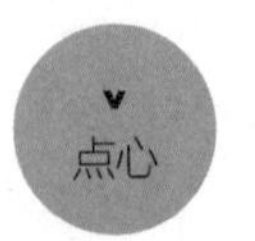

鸡蛋比萨

不用妈妈动手，自己做！

1人份
含糖量
3.5g

配料表（1人份）

比萨专用奶酪 40 g

鸡蛋 2 个，打成蛋液

喜欢的蔬菜适量（这里用了迷你番茄 4 个、煮过的扁豆 1 根）

制作方法

1. 小番茄对半剖开，扁豆斜切待用。
2. 在不粘锅里加入奶酪，开火。当奶酪开始冒泡时，把蛋液也加进去，并加入准备好的蔬菜，盖上盖子加热 7 分钟。
3. 打开盖子，让水分蒸发，煎至个人喜欢的软硬度即可。

※ 这个食谱是料理研究专家井原裕子先生送给补习班学生的礼物。

鸡蛋酥皮比萨

吃了直呼“好好吃！好有趣！”

1人份
含糖量
2.2g

配料表（2人份）

选用 10 cm × 20 cm 的模具

●德式面包鸡蛋酥皮

鸡蛋 1 个

奶油奶酪 25 g

混合坚果 25 g

●馅料及比萨专用奶酪适量

喜欢的食材（青椒、小番茄、橄榄、洋葱等）各适量

制作方法

1. 把鸡蛋和奶油奶酪从冰箱取出，恢复至室温。
2. 把混合坚果倒入料理机，打碎。把鸡蛋、奶油奶酪搅拌，直到混合物变黏稠。
3. 在模具里铺上烘焙纸，把步骤 2 中的混合物倒入，在已预热至 180 ℃的烤箱中烤 18 分钟。取出凉凉，放上喜欢的比萨奶酪和其他喜欢的食材，再放回烤箱里烤到奶酪熔化。

在脸书和 Cookpad[①] 的“鸡蛋丹麦面包”类目中可以看到相关食谱，市面上也有类似《几乎无糖的甜点》《几乎无糖的美食食谱》（都是由主妇之友社出版）的食谱书。根据书中所说，只需要把鸡蛋和美乃滋、黄油、生奶油等喜欢的食材混合在一起放进烤箱，就可以得到美味的面包，也不需要其他特殊器具。即便不使用面筋和泡打粉（不含铝），也能凭借鸡蛋制作出面包。如果在其中放入坚果，就可以制作出德式面包，此外也可以用作比萨饼底。

比萨饼底出炉。做饼底前，可以在模具里涂抹黄油，也可以在模具中铺上烘焙纸。这样有助于脱模，不会破坏饼底的形状。

① 全球最大食谱社区。——译注

三岛塾推荐
给孩子的饮品

路易波士茶不含咖啡因，马黛茶含有少量咖啡因，因此在这两款茶的原产地，孕妇们都在放心饮用。为了方便学生饮用，这两款茶在三岛塾是常备饮品。相比来说，绿茶富含的儿茶素对人体的益处良多，但绿茶中的单宁酸却会影响人体对铁元素的吸收。除此之外，焙茶、番茶[1]、大麦茶等都是不错的选择。

咖啡厅里某些所谓的“奶油”，实际上是在植物油里加上水和乳化剂混合形成的，最后制作成近似牛奶的东西罢了，因此可以“无限续杯”。一旦人们知道了这种奶油的真相，就会立刻敬而远之。因此，平时我们在喝咖啡或热可可时，最好加入黄油或生奶油。这样一来不仅口感顺滑，同时还能补充脂质，可谓一举两得。

① 是日本的一种茶，汇集比较硬的芽、比较嫩的茎或在加工煎茶时被剔除的叶子所制造的绿茶。——译注

路易波士茶

马黛茶

生奶油咖啡

黄油热可可

灵活利用市售商品制作减糖零食

黄油分割储存盒是我的心头好，每次可以直接取 10g 黄油使用。

海苔黄油

从冰箱里取出黄油，室温软化至用刀能切动的程度，之后把黄油纵向切一刀分成两半，横向十等分，等分后的黄油每块大约 10g。把分割好的黄油放入密闭容器，再放进冰箱冷冻保存。孩子们一到，就用一张海苔包裹一块黄油轻轻含入嘴中。这道小食能让孩子们一天的疲劳烟消云散，是很受欢迎的一道零食。

混合坚果

一般的混合坚果里都有含糖量很高的腰果，所以建议每天吃一把约 30g 的混合坚果。有报告显示，混合坚果作为蛋白质和脂质含量丰富的零食，能够有效抑制暴饮暴食。在三岛塾，混合坚果是常备零食之一。不过购买时要注意有些市售坚果表面会包裹糖衣，这种不建议购买。原味烤制的或淡盐味的坚果最佳。

微波鱿鱼干

鱿鱼干一直都是大受欢迎的零食。用微波炉加热 2 分钟，鱿鱼干就会变成脆脆的仙贝质感，比烤着吃更便捷、美味。

小杂鱼干

在海边旅行时可以看到亮闪闪的新鲜小杂鱼干，在商店的促销贩卖区域也能看到新鲜的小杂鱼干。只要看到有品相不错的，我就要立刻买来，放在桌子上，孩子们一饿了就可以大饱口福啦。

※ 照片里的小鱼干大部分来自铃木良子送给孩子们的零食。

奖励巧克力、椰子冰激凌

“来，吃巧克力吧！”每当孩子做完作业时，我们就给巧克力作为奖励。有了这一奖励机制，便完全不用催促孩子去做作业。这里选的是可可含量 70% 以上的烘焙用巧克力，每个大约 2g，共 2 颗（含糖量 1.2g）。这种巧克力中添加剂含量最少。

除此之外，椰子冰激凌也很受孩子们的欢迎。特别是在炎炎夏日，绝对必不可少。在制冰盒里抹上融化状态的椰子油，根据喜好加入巧克力碎、抹茶、巧克力豆、浆果等，放入冰箱冷冻即可。吃不完的继续冷冻保存。

水果

按理来说，说到“减糖饮食”，水果应该是被禁止的，但只要能把握好量就完全没问题。江部康二先生在著作中也曾提到：“每天可以吃 5 颗草莓。”我们也常和学生们说要有节制地享受季节美味。所谓“糖度”指的是每 100g 食物里所含糖的克数。“糖度 12”即 100g 食物中含糖量为 12g。果糖虽然被人体吸收较慢，但也属于糖类，因此每次摄入 200g 水果最为合适。

※ 照片中的小西瓜每次吃 1/8 个为佳。

料理烹饪！外出游玩！日常零食！

推荐“蒸豆子”

蒸豆子不仅可以用来制作食谱上的家常菜，还可以放进背包、口袋随身携带，饿了就拆一包嚼一嚼，味道远超同类产品。绝对刷新你对蒸豆子的固有印象。

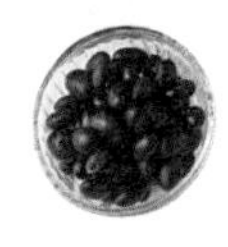
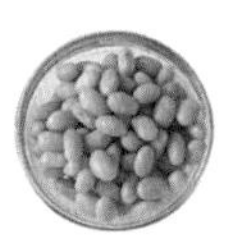

美味蒸豆系列的蒸黑豆、蒸大豆、蒸沙拉豆，还可以作为副菜！（参考第 74 ~ 79 页）

“感冒了”“肚子不舒服”“没有食欲”，每当这时就需要补水，但不要喝含糖量很高的运动饮料，而是应该喝富含维生素和微量元素的鸡汤！

无论是鸡翅根、鸡翅中还是二节翅，只要是鸡皮多的部位都可以来炖汤。加入少量盐和胡椒，加入足量的水没过鸡肉，煮至沸腾。姜、蒜的量看个人喜好。大蒜和洋葱会增添鸡汤的风味。我还会加点西蓝花和卷心菜，做成蔬菜汤。开始先喝汤，待食欲被引出后再吃鸡肉和蔬菜。

暖汤食谱

三岛塾的明星菜！滋补效果满满，给孩子补充精力的暖汤食谱

在锅中加入鸡肉和蔬菜，用水煮即可。步骤简单，若用二节翅等带骨肉熬汤，则会更加鲜美。用鸡骨熬的鸡骨汤在纽约也非常流行，滋补效果尤佳。

鸡翅汤

每天都想喝，富含胶原蛋白的美味暖汤！

配料表（2人份）

鸡二节翅、鸡翅根等共 8 根
盐 4 g（少于 1 小勺）
胡椒少许
胡萝卜 1/4 根
洋葱 1/4 个
生姜（薄片）约 5 g
小葱（切碎）适量

制作方法

1. 把二节翅和鸡翅根用盐和胡椒揉匀腌制，胡萝卜切成半圆的薄片，洋葱也切成块待用。
2. 把鸡肉放入锅中，加清水（至少 5 杯）没过鸡肉，依次放入胡萝卜、洋葱、生姜，开大火炖煮。
3. 开锅后撇掉浮沫转小火，继续炖 30 分钟。
4. 将煮好的鸡汤和鸡肉等盛入碗中，撒上小葱即可。

大蒜生姜砂锅汤

美味满满，火力全开！

“医食同源”这句老话在接下来介绍的这道菜上得到了充分的体现。因为五花肉中富含维生素 B_1，当它和大蒜中的营养成分搭配在一起时，能充分发挥出营养价值。而且，白菜和柚子醋中的维生素 C 能促进胶原蛋白的生成，和生姜一起炖煮食用可以增强免疫系统，对防治感冒能起到很大作用。

配料表（2人份）

猪五花肉薄片 400 g

白菜 4 ~ 5 片

大蒜、生姜各适量

●料汁：

按照喜好加入酱油、柚子醋等适量

制作方法

1. 白菜焯水，下水后即刻捞出来放到篦子上控干。
2. 白菜切成 5 cm 宽，和猪肉一起卷起来。
3. 将卷好的白菜肉卷全都码入锅中，在卷之间塞入大蒜和生姜薄片，再加水没到肉卷 1/3 处，盖上锅盖开火。
4. 待煮熟后，淋上酱油，或是蘸着柚子醋吃。

此外，可以用大头菜替代白菜；也可以不把肉卷起来，而是把菜和肉像千层酥一样层叠摆放。

帮忙碌的妈妈们摆脱困扰!

搭配三岛塾减糖食谱的 三大得力厨具推荐

珐琅铸铁锅

想一想，你家厨房里有没有买东西时赠送的锅，或因一时冲动购买的锅呢？很多品牌的铸铁锅基本都是可以无水烹饪，或放入烤箱烘焙的“传说级”锅具。虽然说明书上标注了一堆禁止事项，用起来要处处小心，颇为麻烦，但在实际使用时可以发现，无论是做饭时的大火还是刷碗时的炊帚，任何“粗糙”的行为它们都能扛得住；而且，煮蒸烤炸样样可以，是厨房里使用率非常高的一款锅具。

推荐1

煮鸡蛋 × 蒸鸡蛋√

根据喜好煮至 5 分、7 分、10 分熟

配料表 （2人份）

鸡蛋 6 ~ 8 个

制作方法

在锅底铺上烘焙纸，把鸡蛋放进去，再倒入一杯（约 200 mL）清水，盖上锅盖开大火蒸煮 7 ~ 8 分钟即可。

仅用 1 杯水蒸煮鸡蛋即可。其制作原理同温泉蛋一样。因无须把水煮开，所以烹饪时间比水煮蛋短。

做便当经常会用到鸡蛋，但若用水煮蛋常会出现不好剥壳，最终弄得鸡蛋破破烂烂不美观，还造成浪费的情况。后来我也尝试了很多所谓的“妙招”，如用陈鸡蛋煮比较好剥，用针在鸡蛋上扎洞再剥壳，待鸡蛋恢复至室温后剥壳等，但没有一种方法能够保证完美剥好鸡蛋。后来我发现，在珐琅铸铁锅内加一杯水，把鸡蛋放进去用大火蒸煮 7 ~ 8 分钟后焖一会儿，然后放到冷水里泡一会儿，再剥壳就特别容易了。完全解决了这一烦恼。

改 良

终于做出了光滑完美的蒸鸡蛋，但每天都吃还是会腻的。所以，如果吃腻了，可以把蒸鸡蛋切碎拌到卷心菜里（见第 72 页）。还可以撒一点欧芹碎，补充铁元素和镁元素。

1 人份
含糖量
0.4g

焖烧锅

内锅烹饪，外锅保温，能大大减少烹饪时间。因为加热时间较短，所以也非常环保。但最重要的是，用焖烧锅做出的饭菜口味超群。美味的秘诀就在于对温度的控制。高温加热会让蛋白质瞬间凝固，导致肉质干柴口感变差。而焖烧锅则是让锅内保持 70℃的环境来恒温加热食物至熟，这一温度也正是能起到杀菌效果的最低温度。如此保证了蛋白质不变性，口感也就更好。

推荐2

鸡肉火腿

即便提前做好，也能保持口感依旧

配料表 （2人份）

鸡胸肉或鸡腿肉 2 块（约 600 g）
盐约 5 ~ 7.5 g
胡椒少许
喜欢的干香料（牛至等）少许
* 保质期：冷藏保存 3 ~ 4 天。

煮熟的鸡肉火腿

制作方法

1. 在鸡肉上撒盐和胡椒抹匀，放冰箱里冷藏 3 天。
2. 在内锅里加入足量的水煮沸。鸡肉用清水洗净放入内锅中，开大火。当水再次沸腾时关火，把内锅放入外锅里盖上锅盖，放置 2 ~ 3 小时。
3. 取出鸡肉。如果不立刻吃，就先把鸡肉放凉，再放入保鲜容器里密封好，放冰箱保存。

煮好的鸡肉切分后装盘。鸡肉本身有淡淡的盐味，只需挤点柠檬汁就可大吃一顿。

肉的种类不同，需要保温的时间也不同：牛肉和鸡肉在 2 ~ 3 小时，猪肉在 3 ~ 4 小时。鸡肉火腿和猪肉火腿常出现在西式早餐和日常便当中，无论是直接吃还是烤一烤，都是一道美味。

内锅水煮沸后，把腌制好的肉放入水中。待水再次沸腾，立刻关火。注意：水一沸腾就要关火，不要等。之后把内锅盖上盖子放入外锅，再盖上外锅的盖子，静置等待即可。

猪肉火腿

多汁，健康！

配料表（2人份）

猪肩里脊肉或腰条肉（块）300g

盐 3 ~ 4.5g

胡椒少许

喜欢的干香料（香叶等）少许

制作方法

同鸡肉火腿制作方法一样。

* 保质期：冰箱冷藏保存 3 ~ 4 天。

煮好的猪肉火腿切分后装盘，可佐以黄芥末、柚子胡椒、芥末酱油、美乃滋等食用。

低温慢煮机

推荐3

正如名称所示，低温慢煮机可以保证在一定时间内保持恒定的低温烹饪。用电饭锅烹饪容易温度过高；用焖烧锅，热水在一段时间后会变冷。而低温慢煮机则会在预先设定的温度下和时间内进行恒温定时烹饪。而且因为温度设定在 70℃左右，所以如果不小心打翻了也不会造成严重后果。另外，还可以用手机远程操控，非常方便。

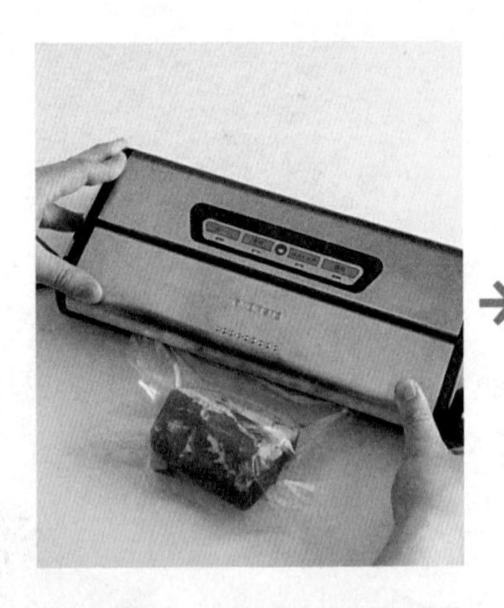

条件允许的话，可以用真空机先把食物抽成真空包装，这样密封后再烹饪可以让食物更易保存。非常适合想要一次性做大量食物再储存的情况。

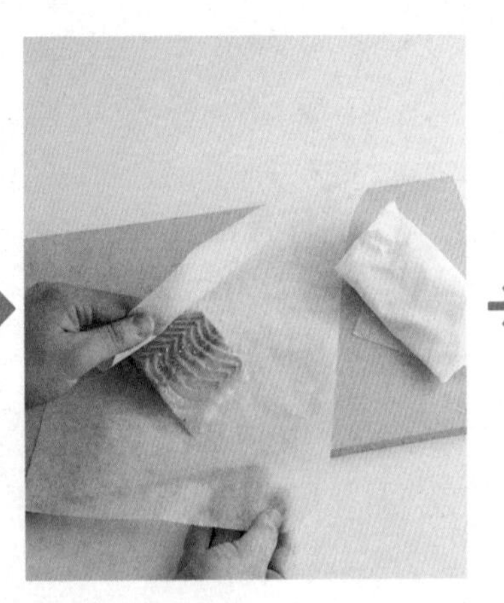

鱼肉容易散开，所以如果要烹饪鱼肉可以先用烘焙纸包裹起来，再放入保鲜袋密封。

如果要烹饪猪里脊肉（薄片等），就先用盐和胡椒腌制，之后在其中夹入香叶，放进带密封条的保鲜袋里待用。

如果是白鱼肉、三文鱼肉块或者鱼子等，就先加入盐、胡椒、橄榄油、白葡萄酒，为了防止鱼肉破碎，先用一层烘焙纸把鱼肉包裹起来，再放入带密封条的保鲜袋里待用。

如果是蔬菜类，则要注意调整温度。因为蔬菜和肉类、鱼类适合的温度不同，所以不要一起放入，否则会影响口感。

当某天家长很忙没时间做饭，孩子得自己吃饭时，他就可以直接拿一包冰箱里储存的肉或菜，撕开封条放进微波炉里加热后开吃。家长完全不用担心孩子自己做饭会受伤，同时还保证了营养。抽真空的食物放到冷藏室里可以保存 2 ~ 3 周。

低温慢煮机适合与较深的圆筒状锅具搭配使用。此外注意，它的温度设定是华氏度。

把装着食材的保鲜袋放入锅中，水浴加热。当温度达到 69 ℃（156.2 华氏度）时蛋白质就会凝固，把温度一直保持在这一状态下慢慢烹饪，即可得到多汁软嫩的美餐。

焖鱼肉、焖猪里脊

家长晚归的日子，孩子也能好好吃饭

配料表 （2人份）

●猪里脊肉

猪里脊肉（块）300g

盐3g（半小勺多点）

胡椒适量

香叶1枚

●白鱼肉块

加吉鱼、鲈鱼、鳕鱼等2块

盐、胡椒粉各适量

橄榄油、白葡萄酒各1大勺

●喜欢的配菜

图中配的是嫩菜叶、柠檬片、莳萝，各取适量搭配即可

*保质期：冰箱冷藏3～4天。

制作方法

1. 猪肉用盐和胡椒粉充分抹匀，把香叶夹到肉里整个放入带密封条的保鲜袋里，排出空气后封口。

*第128页的照片就是使用了真空机的样子。

2. 在白鱼肉块里撒上盐、胡椒粉、橄榄油、白葡萄酒充分混合。把每块鱼肉都包裹上烘焙纸，然后放入保鲜袋，排出空气后封口。

3. 在锅中加入足量清水，把低温慢煮机设定好，然后把猪肉或鱼肉连袋放入锅中，设置温度69℃（156.2华氏度）。猪肉加热3～4小时，鱼肉加热40分钟左右。

*牛肉和鸡肉加热1～2小时，根据大小和厚度适当调整时间。

4. 取出猪肉或鱼肉，鱼肉无须处理，猪肉切分成块，根据喜好选择配菜一起装盘。

1人份
含糖量
0.5g
1人份
含糖量
0.6g

专栏

和孩子的相处方式：

性别和年龄段不同，孩子成长过程中发生的改变也不同

有这么一句形容父母带孩子时的状态的俗语：不离身，不离手，不离眼。

小学一二年级的学生，无论男孩还是女孩，都是在依靠本能处事，丝毫不懂成年人所讲的道理。而且，他们也还不具备交流能力，因此在交流时，家长不要一味地严厉训斥，要和他们认真解释、说明。不过和男孩相比，女孩成长得更早，一天比一天更加成熟，所以家长们会发现女孩比男孩让人省心。小学三年级往往是孩子成长的第一道坎。从这个时期开始，不想上学的孩子开始变多。没错，这时孩子们开始萌生了“自我”的意识，开始谋求在和“他人”组成的集体中的社会性。但是，一些社会现象使得孩子还未被培养出社会意识就进入了小学。这些现象包括但不限于核心家庭化，4 个家庭中就有 1 个家庭离异，生

育率下降兄弟姐妹很少，高层公寓导致邻里间不来往，孩子的成长环境中人际关系过于简单等。因为孩子没有和兄弟姐妹争吵过，也没有被周围的小朋友欺负过，在上学时并没有获得人际交往的“免疫力”，所以遇到一点事就不想去上学了。

如果这时家长的态度是抱起孩子一边安慰“可怜的孩子”，一边同意他不去上学，那最后会导致孩子真的自闭，不愿出门。这要是在过去，一想到会暴跳如雷的父亲，小孩子自然觉得比起在家面对父亲还不如去上学，最终不得不选择去学校。如今，时代完全不同了。

小学五六年级的女生的“心思”真难猜。昨天还十分乖巧的孩子第二天突然开始贪玩、随便撒谎。没错，这就是生理开始变化的标志。不光是外表，身体的激素平衡也被打破，还会发生很多看不见的变化，此时的她们，内心也充满了疑问。如果在这个阶段家长不给她们足够的支持和帮助，她们就会感觉失去了依靠，会走上偏路。

对初中一二年级的男生和女生，家长也要给予充足的关注。如果他们的问题在这时变得严重，可能一辈子都无法挽回。高中重视学生在初中时的成绩单，入学测试中还会关注学生初一、初二的评价情况。即便入学考试那一次的考试成绩优异，但如果被成绩单上的请假天数影响了最终的录取也是毫无办法的。特别要注意，孩子不要在小升初入学考试时就耗尽力气，以为上了初中就万事大吉，否则会荒废初一、初二年级的宝贵时间。等孩子升上初三，身体的成长趋于稳定，对高考的看法也会有所改变。到

多关注哪个年龄段的孩子？

初一、初二的男生女生	小学五六年级的女生	小学二三年级的学生
男生和女生都要给予足够的关注！	这个年龄段女生的内心“猜不透”	不想上学的萌芽随时都会破土而出

升初三的暑假时，孩子会自己退出社团活动，继而进入备考模式。曾经在初一、初二时成绩差的体育部运动员，到了初三就有可能摇身一变成绩进入班级上游。总之，为了帮助孩子度过青春期，我们建议给孩子提供减糖饮食，同时让他们参加体育部活动来保持运动的兴趣爱好。

等孩子进入高中，家长姑且可以放心一些。因为到那时孩子的身心逐渐成长为成人，会凭借理性抑制住一些冲动的本能。

所以，家长和孩子交流时要考虑到孩子的年龄段，不要着急，要有耐心。切记不要被“补习班的威胁言论”和“身边家长们的错误消息”蒙蔽。

建议

家长不要对孩子吹嘘自己的成功经历，可以和孩子分享自己历经失败和辛苦之后的经验！

通过这样的对话打开孩子的内心吧！

对“儿童减糖”这一概念是否心怀疑虑？

冈田小儿科医院院长 冈田清春

“减糖饮食”指的是通过摄入足量的肉、鱼、蛋、乳制品，给人体提供充足营养的一种饮食方式。在开始减糖饮食后因糖分的摄入量减少，很多孩子在饭后不再昏昏欲睡，早上起床也变得容易，情绪变得稳定，注意力也更加集中。

此外，作为治疗小儿难治性癫痫的饮食疗法，生酮饮食和改良阿特金斯饮食[①]可谓是终极版减糖饮食（高蛋白质、高脂质、低糖分）。

目前因为证据有限，所以有的医生不推荐给儿童实行减糖饮食。但是，也没有证据表明摄入总热量的 60% 是糖分的饮食习

---

① 生酮饮食是一种高脂、低碳水化合物和适当蛋白质的饮食，它模拟了人体饥饿的状态。脂肪代谢产生的酮体作为另一种身体能量的供给源，可以产生对脑部的抗惊厥作用。阿特金斯饮食法限制碳水化合物的摄入，目的是转变身体的新陈代谢方式，由以葡萄糖为燃料的燃糖代谢转变为以体内储存的脂肪为燃料的燃脂代谢。——译注

冈田清春

1957 年生人，毕业于滋贺医科大学，后成为小儿科医生。2001 年创立冈田小儿科医院。目前从事外伤、烧伤的湿润疗法研究。从 5 年前开始执行减糖饮食，体重下降了 15kg 且无反弹。

惯就是健康的。

在当今社会，到处都是甜食（糖分），美味所带来的诱惑、与朋友小聚时的餐点，让坚持减糖饮食难上加难，所以有人可能担心减糖饮食会降低日常生活质量。不过，遵循减糖饮食的儿童实际上聪明得多，他们选择遵循减糖饮食的原因各有不同，但当我们和他们的父母交谈时发现，他们的父母似乎也接受减糖饮食，并且这种饮食习惯不会影响到他们和朋友之间的关系。

即便如此，有时家长还是会对我们提出一些疑问。

接下来简单举几个例子。

①有的家长提出："减糖饮食让用于饮食方面的开销更多了。"这一点确实是如此。**但减糖饮食能让孩子不再继续胖下去，不容易患病，因此不会花费高昂的医疗费。**

而且当营养摄入充足时，孩子吃零食也会减少，对果汁和蛋糕等的兴趣会大大减弱，甚至对零食、点心看都不会看一眼。

②有的家长提出："含糖量高的某些谷物和水果也富含维生素、矿物质、膳食纤维等，这些对孩子的成长来说也是必需的营养啊。"实际上，谷物中几乎不含有维生素和矿物质。家长们可

以放心，三岛塾的饮食非常重视食材的用量和季节性，因此会搭配适量的应季水果、海藻、蘑菇以及绿叶菜等。

③有的家长担心："减糖饮食会不会影响孩子健康成长？"如果对"减糖饮食"这一概念理解不充分，依旧抱有以前的"低卡饮食理念"（**基于"拒绝脂肪"说**），实行的是错误的减糖饮食（**中量蛋白质、低脂肪、低糖**），最终就会导致营养不足，影响身体健康。

④有的家长担心："葡萄糖是大脑的燃料。缺少葡萄糖会不会影响孩子的智力发育？"后来，家长经过了解明白了，大脑原本的能量源是由脂肪制造的酮体，而非葡萄糖。

孩子的健康成长需要充足的脂质和蛋白质。糖类中虽然有热量，但并不能成为组成机体的原料。过量摄入的糖类被胰岛素合成为脂肪，从而增加体重，并不会转变为骨骼和肌肉。

过量摄入糖类以及由此导致的脂肪、蛋白质、铁元素等矿物质摄入量不足，正是阻碍孩子健康的生长发育的罪魁祸首。

一开始我也很惊讶，饮食竟然会让孩子发生如此大的改变。米饭、面包、乌冬面、荞麦面、芋头、南瓜、砂糖、果糖、液体糖等，把这些食物从孩子的菜单上剔除，参考本书中的食谱取而代之，多给孩子做肉、蛋、奶酪、鱼肉、黄油相关的菜肴，尝试慢慢地让他们习惯这种饮食。坚持一个月，孩子一定会发生改变。关于三岛塾的学生们在遵循减糖饮食后发生的改变实例，在《"减糖饮食"拯救孩子》（大垣书店）里有详细介绍。

“儿童减糖饮食”问答

喜欢和讨厌

Q：我们家孩子讨厌吃肉该怎么办？

A：试试其他种类的肉和不同部位的肉。在三岛塾，比起五花肉和腰条肉，猪肩里脊肉更受欢迎。如果孩子喜欢鱼就换成鱼肉。

Q：怎么让讨厌吃鱼的孩子吃鱼呢？

A：鱼类分青身鱼、白身鱼、赤身鱼等，种类繁多。料理方法有刺身、煮、烤、炸等，多尝试摸索，一定会找到孩子喜欢的食谱。

Q：怎么才能让孩子多吃蔬菜？

A：小学低年级的学生味觉很灵敏，他们的舌头甚至都能感受到小松菜的苦味，因此十分抗拒带苦味的食物。不要逼着孩子吃，可以通过少量的番薯、南瓜等给孩子补充必要的膳食纤维，另外可以通过营养辅助食品补充维生素 C。

营养和味道

Q：孩子贫血怎么办?

A：贫血是由缺铁造成的。要让孩子多吃牛肉、猪肉、鸡腿肉等肉类；金枪鱼、鲣鱼等鱼类也很不错。为了促进铁的吸收，还可以通过营养辅助食品来补充镁、锌、维生素C、维生素D等。用铁锅做饭也能起到给孩子补铁的作用，千万不要因为铁锅难刷就用其他材质的锅烹饪。

Q：孩子吃得少怎么办?

A：可以尝试把一天三顿饭改成一天六顿。只要能保证一天摄入的营养总量，少吃一顿也无妨，还可以加餐。营养主要靠正餐和加餐补充，这种情况下还要通过营养辅助食品来补充多种维生素、矿物质。总之，要先通过以上营养摄入，确保孩子有能进食的体力。

Q：丈夫（父母）不认可孩子实行减糖饮食怎么办?

A：先默默展开吧。减少日常料理中的根茎类蔬菜，增加叶菜、肉类和鱼类，减少米饭、面包、面条。厨房是妈妈的天下。3 个月之后如果在孩子身上看到了效果，大家就只能认同了。

Q：担心调料成分的话应该如何选择呢？

A：市售的很多调味料中都含有大量的糖和添加剂，因此像是味噌、柚子醋等尽量在家里自己制作。此外，还可以用“盐 + 橄榄油”“盐 + 香油”“盐 + 手挤柑橘类果汁”制作调味汁，激发食材自身的美味。

Q：菜肴味道有些寡淡？

A：同样的食材，即便是用同样的方式烹饪也会在调味料的作用下大变身。用味噌、酱油、盐、咖喱粉等，就能让一锅关东煮摇身一变成为一锅浓汤或咖喱。

* 三岛塾必备调味料和油，及三大明星调味料

改善贫血，方便美味！

盐水鸡肝

制作方法

1. 把 4 块鸡肝切成适口大小，用流水洗净，去除血块。
2. 在保鲜袋里放入 1 大勺盐、适量山椒粉、半杯（100 mL）0 糖酒，摇匀。
3. 把处理好的鸡肝放入保鲜袋中，冷藏一晚。
4. 拿出腌好的鸡肝，放入煮沸的水中，待水再次沸腾前，保持这一临界温度，不时翻动水中的鸡肝，直到熟透后捞出。

刚出锅热乎乎的鸡肝也很好吃。这道鸡肝可以冷藏保存数日，所以每当饿了时就直接吃，或者切碎拌在汉堡肉、西式牛肉里也很好吃。这道菜在“减糖族 in 北九州”月例会的午餐会上大受好评。

节约金钱和时间

Q：减糖食材都很贵，普通家庭负担得起吗？

A：你可以合理选择食材。如肉、蛋、豆腐等食材都可以提供蛋白质。此外，豆芽中也富含膳食纤维和维生素。

Q：工作忙，没时间做饭怎么办？

A：看了本书的食谱就可以知道，我做菜的原则里有三个“轻松”——食材既定所以买菜轻松，烹饪时间短所以过程轻松，要清洗的厨具少所以收尾轻松。因此，不要担心，请参照本书食谱试试看。

Q：打折时囤的肉都冷冻保存了，如何轻松解冻呢？

A：一般来说，套上两层袋子放到冰水中解冻是最好的方法，但一般的家用冰箱里不会保存那么多的冰。你可以提前一晚把冻肉用厨房纸包裹放在盘子上，放到冰箱冷藏室里解冻。习惯这一方法后就不会忘记了。

Q：物美价廉的健康食材有哪些？

A：鸡皮！烤制、做汤样样美味。此外，猪肉也很好。比起各个部位的肉绞在一起的肉馅，单一部位的肉馅更好。此外，肉块和各种小鱼也是不错的选择。

如果有打折黄油，也可以一次多囤一些冷冻保存。

Q：怎么进一步提升食材和器具的性价比?

A：购买一个120L专用冰柜，大概 3 万日元，你就可以定期在商店或网上买特价肉类，并将其冷冻了。之后根据需要解冻，使其更具成本效益。

结语

近年来，在日本，我常听说某地有人尝试了低糖饮食后，2型糖尿病得到了改善。这样的事例其实有很多。

我所指导的学生在遵循了“减糖饮食”后成绩开始提升，问题行为得到改善，这种情况在日本是头一回得到验证。

所以，江部康二先生催促我赶快把经验汇集成册，最终我决定以“减糖拯救孩子”为题，写作时间主要是在补习班指导学生的间隙，但当我完成原稿开始投稿时，却被十几家出版社拒绝。

在这窘迫时期，将我从绝境中拯救出来的是大垣书店的编辑平野笃。非常感谢他那时鼓起勇气选择了我。

多亏他那时相助，此书才得以出版，之后我才会收到很多正在实践减糖饮食的家长们的留言，说：“您的书给了我非常大的帮助。”而且，最让我惊喜的是，点字图书馆将这本书纳入了馆

藏之中。这让我倍感光荣，同时感激不尽。

在那之后，我遇见了主妇之友社的编辑近藤祥子，她始终不懈地催促我出版本书。近藤说她平时太忙了，所以对两个孩子抚养方面感到愧疚。“三岛先生，请您为世界上有育儿烦恼的父母们写一本书吧。”被这样期待着，我备受鼓舞，立刻应约：“好的，我会写的！”

不过，和之前写完原稿就用邮件发送有所不同，在编写本书后半部分的食谱时，我第一次体验了料理拍摄的过程。事先准备好厨具和食材，平时做菜都是估摸着量做，但涉及写食谱时就需要一次次称量食材并尝试制作，连着拍摄了 5 天，每天都要早上 5 点起床，每天要拍摄十几种菜品。这比我预期的工作量要多得多。

即便如此，多亏美食作家杉岾伸香、造型师小原尚敏、摄影师松木润的大力协助，料理的照片一天天多了起来，我内心的喜悦也越来越强烈。

现在想来，这本书串联起了我从过去到现在的诸多经历。从小学四年级开始，我父母亲都工作，所以我就代替妈妈开始给家人做饭。我后来开办了补习班，学生说“想要和老师吃的食物一样”，于是我又开始给学生们制作辅食。之后，“减糖族 in 北九州”举行了超过 60 次月例会，我制作了无数次减糖午餐。除此之外，还有很多回忆。

虽然不是料理专家，但我几乎全年无休，每天都会做饭，所学、所做全都汇集于这本书中。里面都是经过精挑细选的食谱，方便家长们制作，孩子吃得开心，而且最重要的是营养丰富，有益于孩子的身心成长。

因为并非专业烹饪，所以本书的食谱无论谁做都能够轻松上手，提及的食材也都可以提前买了备在冰箱或冰柜里，做的时候完全不用急急忙忙去买菜。

本书的内容对于专家来说可能较为外行且稍显拙劣，但若放在日常生活中，本人还是比较自信，自认为可供参考。毕竟，这套食谱经由三岛塾的学生们评判过，大家表示“很美味”。当然，如果是家中逢年过节或有重大场合，请依照我平日的口头禅：这时还是请到饭店就餐。

如果忙碌的父母和热爱烹饪的孩子们能把这些食谱一一做出来，并给我们留言写出感想，我真的不胜荣幸。

2017 年 5 月

三岛塾塾长　三岛学